Edward Jimmy Pandia Yañez
Luis Alberto Melendez Ruiz
Nancy Ramos Maquera

Estabilização de solos naturais com a adição de borracha de pneus

Edward Jimmy Pandia Yañez
Luis Alberto Melendez Ruiz
Nancy Ramos Maquera

Estabilização de solos naturais com a adição de borracha de pneus

Estabilização de solos naturais com adição de borracha granular de pneus Madre de Dios

ScienciaScripts

Imprint

Cover image: www.ingimage.com

This book is a translation from the original published under ISBN 978-620-2-16848-9.

Publisher:
Sciencia Scripts
is a trademark of
Dodo Books Indian Ocean Ltd. and OmniScriptum S.R.L publishing group

120 High Road, East Finchley, London, N2 9ED, United Kingdom
Str. Armeneasca 28/1, office 1, Chisinau MD-2012, Republic of Moldova, Europe
Printed at: see last page
ISBN: 978-620-7-69721-2

DECLARAÇÃO JURAMENTADA DE AUTORIA

Pelo presente documento, eu, EDWARD JIMMY PANDIA YAÑEZ, identificado com o Bilhete de Identidade Nacional n.o 41946689, com domicílio em Jr. Parde de Miguel 977, distrito de Tambopata, província de Tambopata, departamento de Madre de Dios, antigo aluno da Universidade Alas Peruanas, declaro sob juramento que

Eu sou o autor da investigação intitulada: **ESTABILIZAÇÃO DO SUBGRUPO DE SOLO NATURAL COM ADIÇÃO DE BORRACHA GRANULAR NA JÚLIA. TUPAC AMARU, DISTRITO TAMBOPATA, MADRE DE DIOS, 2022,** que apresento no dia quinze de novembro do ano 2023, perante esta instituição com o objetivo de optar pelo grau académico de Engenheiro Civil.

Este trabalho não foi previamente apresentado ou publicado por qualquer outro investigador ou pelo abaixo assinado para qualquer outro grau académico ou título profissional. Declaro que todas as ideias, textos, figuras, fórmulas, tabelas ou outros que correspondam ao abaixo assinado ou a outros foram devidamente citados no pleno respeito pelos direitos de autor. Declaro conhecer e submeter-me ao quadro legal e regulamentar vigente relativo a esta responsabilidade.

Declaro sob juramento que os dados e informações apresentados pertencem à realidade estudada, que não foram falsificados, adulterados, duplicados ou copiados. Que não cometi fraude científica, plágio ou vícios de autoria; caso contrário, isento a Universidade Alas Peruanas de qualquer responsabilidade e declaro-me como o único responsável.

EDWARD JIMMY PANDIA YAÑEZ

GERAL

TÍTULO

ESTABILIZAÇÃO DO SUBLEITO DO SOLO NATURAL COM A ADIÇÃO DE BORRACHA GRANULAR DE PNEUS EM JR. TUPAC AMARU, DISTRITO DE TAMBOPATA, MADRE DE DIOS, 2022.

AUTOR

EDWARD JIMMY PANDIA YAÑEZ

Escola Académico-Profissional de Engenharia Civil.

Faculdade de Engenharia e Arquitetura.

Sucursal da U.A.P. Madre de Dios.

TIPO DE INVESTIGAÇÃO

Segundo o tipo: Investigação aplicada

De acordo com o nível: Explicativo

De acordo com o projeto: Experimental

LINHA DE INVESTIGAÇÃO

Mecânica dos Solos, Geotecnia e Pavimentos

LOCALIDADE

Distrito de Tambopata, província de Tambopata, departamento de Madre de Dios.

OBRIGADO

Expresso a minha gratidão a todas as pessoas e profissionais que me apoiaram em todas as fases do processo de investigação. Reconheço o apoio fundamental da minha mãe no meu desenvolvimento académico, e de uma forma especial, agradeço ao meu orientador e à Universidade UAP.

ÍNDICE

RESUMO

A investigação aborda a aplicação de borracha granular de pneus como uma técnica inovadora para melhorar as propriedades do subleito em solos naturais. O objetivo da investigação foi determinar de que forma a utilização de borracha granular de pneus influencia a estabilização do subleito. O estudo centra-se na análise da forma como esta adição afecta as características físicas e mecânicas do solo, examina em pormenor o processo de estabilização, avaliando a resistência, a compressibilidade e o comportamento do solo modificado com borracha granular. São realizados testes e ensaios específicos para quantificar e comparar as propriedades do solo natural e do solo estabilizado, fornecendo dados fundamentais para a tomada de decisões na conceção e construção de infra-estruturas.

Além disso, são explorados os aspectos ambientais relacionados com a reciclagem de pneus, considerando a possibilidade de utilizar produtos derivados de pneus para melhorar as condições do solo. A investigação fornece informações valiosas sobre a sustentabilidade e o impacto ambiental.

A abordagem de investigação adoptada foi de natureza aplicada com um nível explicativo, utilizando um desenho experimental. A amostra foi constituída por três escavações em Jr. Tupac Amaru. A técnica utilizada para a recolha de dados foi a observação experimental e o instrumento utilizado foi um guião de observação que incluía fichas de análise do solo. Os resultados mostram que a adição de borracha granular na estabilização do subleito em Jr. Tupac Amaru, distrito de Tambopata, Madre de Dios, é altamente significativa. Com base nos resultados obtidos, são apresentadas recomendações práticas que oferecem orientações para a implementação bem sucedida desta estratégia em projectos reais.

Palavras chave: Borracha granulada, limites de consistência, Proctor modificado e CBR.

RESUMO

A investigação aborda a aplicação de borracha granular de pneus como uma técnica inovadora que permite melhorar as propriedades do subleito em solos naturais. O objetivo da investigação foi determinar de que forma a utilização de borracha granular de pneus influencia a estabilização do subleito. O estudo centra-se na análise da forma como esta adição afecta as características físicas e mecânicas do solo, examinando em detalhe o processo de estabilização, avaliando a resistência, a compressibilidade e o comportamento do solo modificado com borracha granular. São realizados testes e ensaios específicos para quantificar e comparar as propriedades do solo natural e do solo estabilizado, fornecendo dados fundamentais para a tomada de decisões na conceção e construção de infra-estruturas.

Além disso, são explorados os aspectos ambientais relacionados com a reciclagem de pneus, considerando a possibilidade de utilizar produtos derivados destes resíduos para melhorar as condições do solo. A investigação fornece perspectivas valiosas sobre a sustentabilidade e o impacto ambiental.

A abordagem de investigação adoptada foi de natureza aplicada com um nível explicativo, utilizando um desenho experimental. A exposição consistiu em três escavações na Jr. Tupac Amaru. A técnica utilizada para a recolha de dados foi a observação experimental, e o instrumento utilizado foi um guião de observação que incluía formatos de análise do solo. Os resultados mostram que a adição de borracha granular na estabilização do subleito em Jr. Tupac Amaru, distrito de Tambopata, Madre de Dios, é altamente significativa. Com base nos resultados obtidos, são fornecidas recomendações práticas que oferecem directrizes para a implementação bem sucedida desta estratégia em projectos reais.

Palavras-chave: Borracha granular, limites de consistência, Proctor modificado e CBR.

INTRODUÇÃO

A melhoria das propriedades naturais do solo é um tema de interesse crescente na engenharia civil e na construção de estradas e pavimentos. A estabilização do subsolo é essencial para garantir a durabilidade e a segurança das infra-estruturas rodoviárias.

Uma perspetiva inovadora neste domínio envolve a inclusão de materiais reciclados e amigos do ambiente, como a borracha granular derivada de pneus reciclados. Esta prática não só resolve o problema da eliminação de resíduos de pneus, como também tem um grande potencial para melhorar as características do solo. A introdução de borracha granular no solo natural pode contribuir para reduzir a expansão, aumentar a capacidade de carga e a resistência à deformação, promovendo simultaneamente a sustentabilidade ambiental.

O objetivo desta investigação é explorar a viabilidade e as vantagens de estabilizar a sub-base de um solo natural através da adição de borracha granular proveniente de pneus reciclados. Através de métodos experimentais e análises pormenorizadas, será avaliado o impacto desta adição nas propriedades mecânicas e geotécnicas do solo, de modo a determinar a sua capacidade de suportar cargas e proporcionar uma base sólida para a construção de pavimentos. Além disso, serão analisados aspectos relacionados com a sustentabilidade e o ambiente, contribuindo para a tomada de decisões abrangentes na conceção de infra-estruturas rodoviárias.

O objetivo deste estudo é explorar a questão da estabilização do subleito do solo natural através da incorporação de borracha granular proveniente de pneus reciclados, apresentando-a como uma solução eficaz e sustentável no domínio da engenharia rodoviária.

A região de Madre de Dios caracteriza-se pelos seus solos argilosos, ricos em materiais finos e com uma plasticidade elevada. Este tipo de solo torna-se extremamente instável na presença de humidade, o que coloca desafios consideráveis para a construção de infra-estruturas, nomeadamente no caso das estradas. O subleito, sendo composto por este tipo de solo, necessita de ser melhorado ou substituído para garantir a estabilidade e o desempenho da estrada.

Em condições de humidade, estes solos tendem a comportar-se de forma mole e, durante o processo de secagem, sofrem alterações de volume que resultam em assentamentos em várias zonas da estrada. Para resolver este problema, este estudo de investigação incorporou borracha granular de pneus em proporções de 5%, 10% e 15% nos solos argilosos. Em seguida, foram efectuadas análises e avaliações laboratoriais para estudar o impacto desta mistura. O principal objetivo deste trabalho é dar aos solos argilosos uma consistência mais estável e durável sem se desviar dos regulamentos e normas actuais.

Espera-se que os resultados obtidos neste estudo contribuam para o desenvolvimento de práticas mais eficientes e amigas do ambiente na construção e manutenção de estradas e pavimentos.

O objetivo desta investigação é determinar em que medida a utilização de borracha granular de pneus influencia a estabilização do subleito do solo natural em Tupac Amaru Jr., distrito de Tambopata, Madre de Dios, durante o ano de 2022.

CAPÍTULO I: REALIDADE DO PROBLEMA

1.1 Descrição da realidade problemática

A cidade de Madre de Dios depende principalmente da exploração mineira, da colheita da castanha, da indústria da madeira e da agricultura. Como resultado, durante a época da colheita, as estradas locais sofrem um fluxo considerável e constante de camiões que transportam estes produtos. Devido à falta de controle de qualidade adequado na seleção de materiais e na execução dessas estradas na cidade, elas sofrem deterioração acelerada, resultante da combinação de condições climáticas chuvosas e intensa atividade de tráfego. (Pinto, 2018).

Os solos argilosos são conhecidos pela sua notável plasticidade, o que implica que podem sofrer transformações substanciais quando alternam entre os estados húmido e seco. Devido à presença de partículas minúsculas com uma notável capacidade de retenção de água, tendem a expandir-se quando saturados e a contrair-se quando desidratados. Esta variação na expansão e contração destes solos representa um risco significativo para as infra-estruturas, como as estradas, pois pode levar à deformação da superfície e a danos na integridade da estrada. Estes efeitos podem manifestar-se sob a forma de buracos e fendas, que, por sua vez, resultam num tráfego desconfortável e inseguro para os condutores. Como consequência, há um aumento dos custos associados à manutenção e reparação das estradas.

Antes do processo de construção, podem ser utilizados correctivos do solo, como a estabilização química ou a compactação controlada, para atenuar a expansão e a contração inerentes aos solos argilosos. Outra alternativa sugerida envolve a incorporação de borracha granulada proveniente da trituração de pneus reciclados no solo natural. Esta adição de borracha de pneus reciclados é misturada com o solo de modo a melhorar as suas propriedades, incluindo a capacidade de suporte, a resistência ao desgaste e a estabilidade.
De acordo com Esteve (2012), foi estabelecido que a forma como os pneus são produzidos e os desafios óbvios relacionados com o seu armazenamento e eliminação, uma vez utilizados, são atualmente um dos problemas ambientais mais prementes das últimas décadas em todo o mundo. Reconhece-se que o fabrico de

um pneu requer quantidades consideráveis de energia, equivalentes a meio barril de petróleo bruto para a produção de um pneu de camião. Além disso, se estes pneus não forem devidamente reciclados, geram uma poluição ambiental significativa quando acabam por fazer parte de aterros não controlados.

Embora a prática da reciclagem de pneus possa ser positiva para o ambiente, reduzindo a acumulação de resíduos de pneus, suscita preocupações quanto à potencial libertação de produtos químicos e à durabilidade da borracha triturada quando incorporada no solo. A adição de borracha granulada envolve frequentemente custos, pelo que é essencial avaliar os benefícios associados à melhoria das condições do solo e à durabilidade das infra-estruturas, a fim de determinar a viabilidade económica desta técnica.

A incorporação de borracha granular como medida de estabilização tem o potencial de aumentar a capacidade de suporte e a resistência ao desgaste do solo, o que é de particular importância em áreas onde os solos apresentam desafios significativos. Uma estabilização adequada do subleito pode contribuir para aumentar a longevidade das infra-estruturas, resultando numa redução dos custos associados à manutenção a longo prazo.

A investigação terá lugar em Jr. Tupac Amaru:

- Departamento: Madre De Dios
- Província: Tambopata
- Distrito: Tambopata
- Região Natural: Selva

Foto 1: *Localização do projeto*

1.2 Formulação do problema

1.2.1 Problema geral

P.G. Em que medida a utilização de borracha granular de pneus influencia a estabilização do subleito do solo natural em Jr. Tupac Amaru, Distrito de Tambopata, Madre de Dios , 2022?

1.2.2 Problemas específicos

PE1: Como é que a adição de borracha granular de pneus melhora rá os Limites de Consistência para a estabilização do subleito em Jr. Tupac Amaru, Distrito de Tambopata, Madre de Dios, 2022 ?

PE2: Como é que a adição de borracha granular de pneus irá melhorar o Proctor modificado para a estabilização do subleito em Jr. Tupac Amaru, distrito de Tambopata, Madre de Dios, 2022?

PE.3 Em que medida a adição de borracha granular de pneus melhora o CBR na estabilização do subleito em Jr. Tupac Amaru, distrito de Tambopata, Madre de Dios, 2022?

1.3 Objectivos do projeto

1.3.1 Objetivo geral

O.G. Determinar de que forma a utilização de borracha granular de pneus influencia a estabilização do subleito do solo natural em Jr. Tupac Amaru, Distrito de Tambopata, Madre de Dios, 2022 .

1.3.2 Objectivos específicos

SO.1 Determinar de que forma a adição de borracha granular de pneus irá melhorar os limites de consistência para a estabilização do subleito na estrada Jr. Tupac Amaru, distrito de Tambopata, Madre de Dios, 2022 .

SO.2 Determinar como a adição de borracha granular de pneus melhorará o Proctor modificado para estabilização de subleito em Jr. Tupac Amaru, Distrito de Tambopata, Madre de Dios, 2022 .

SO.3 Determinar de que forma a adição de borracha granular de pneus irá melhorar o CBR na estabilização do subleito na estrada Jr. Tupac Amaru, distrito de Tambopata, Madre de Dios, 2022 .

1.4 Justificação e importância da investigação

1.4.1 Justificação

O solo natural subjacente, designado por sub-base, não possui frequentemente as qualidades necessárias para assegurar a estabilidade e a capacidade de suporte exigidas pelos projectos de construção e de infra-estruturas. A base teórica desta justificação centra-se na necessidade de melhorar as características do solo, incluindo a sua capacidade de suporte e resistência ao desgaste, a fim de garantir a durabilidade das estruturas e a segurança rodoviária.

A estabilização do solo representa um domínio da engenharia civil sustentado por bases teóricas sólidas. A inclusão de borracha granular está em conformidade com estes princípios e é sustentada por uma compreensão de como certos materiais podem melhorar as propriedades do solo.

A base teórica desta abordagem assenta no reconhecimento de que os pneus usados representam um desafio ambiental e na necessidade urgente de encontrar aplicações sustentáveis para a sua reciclagem. A incorporação de borracha granular de pneus reciclados na sub-base baseia-se na premissa de reutilizar de forma benéfica um material em desuso, ajudando a reduzir a acumulação de pneus em aterros. Esta teoria baseia-se na consideração da sustentabilidade e na redução dos efeitos adversos sobre o ambiente.

De uma perspetiva teórica, a estabilização do subleito conduz teoricamente a custos de manutenção mais baixos a longo prazo, ao reforçar a durabilidade das estruturas. Esta teoria apoia a ideia de que o investimento inicial na estabilização pode traduzir-se em poupanças substanciais em termos de despesas futuras com reparações e cuidados contínuos.

A incorporação de borracha granular de pneus reciclados na sub-base tem o potencial de reforçar consideravelmente a capacidade de suporte do solo. Esta melhoria concreta significa que as estradas e as estruturas construídas nesta sub-base podem suportar cargas mais pesadas e tráfego constante, resultando num melhor desempenho e durabilidade.

Em situações práticas, a estabilização com borracha granular pode reduzir a propensão da sub-base para se deformar ao longo do tempo, especialmente em condições climáticas variáveis. Isto é essencial para preservar a integridade das superfícies das estradas e estruturas, o que, por sua vez, reduz os custos de reparação e manutenção ao longo do tempo. A estabilização do subleito com borracha granular pode levar a poupanças de custos a longo prazo. O investimento inicial na melhoria do subleito traduz-se numa menor necessidade de reparações e manutenção, gerando assim poupanças financeiras.

De um ponto de vista prático, a reutilização de pneus reciclados como material de estabilização responde efetivamente à preocupação ambiental relacionada com a acumulação de pneus em aterros. Isto não só é benéfico de uma perspetiva ecológica, como também pode ser uma solução económica para a gestão de resíduos.

A metodologia deve incluir uma abordagem de estudo de campo e de laboratório para avaliar o comportamento do solo natural, bem como a eficácia da estabilização com borracha granular. Serão necessários ensaios específicos, como a análise laboratorial de amostras de solo e ensaios in situ no local de construção.

Devem ser identificados e seleccionados os parâmetros-chave a avaliar e medir como parte da metodologia. Estes podem incluir a capacidade de carga, a resistência ao desgaste, a deformação do solo e outros factores relevantes.

A metodologia deve permitir a comparação dos resultados entre a sub-base estabilizada com borracha granular e a sub-base sem estabilização. Isto implica a recolha de dados antes e depois da aplicação da técnica para avaliar o seu impacto.

1.4.2 Importância

A estabilização do subleito com borracha granular pode reduzir a necessidade de substituir ou escavar grandes quantidades de solo natural, o que poupa recursos naturais e reduz os custos de construção e manutenção das infra-estruturas rodoviárias.

A utilização de materiais reciclados em aplicações de engenharia civil é uma área de interesse crescente e oferece oportunidades de inovação na conceção e construção de estradas. A investigação neste domínio abre novas perspectivas para a engenharia rodoviária e a construção de pavimentos.

A reutilização de pneus fora de uso como borracha granular para estabilizar o substrato natural do solo é uma prática sustentável que aborda o problema da gestão dos resíduos de pneus e contribui para a redução dos resíduos depositados em aterros, bem como para a prevenção da poluição ambiental.
A adição de borracha granular melhora significativamente as propriedades mecânicas do solo, tais como a sua capacidade de suporte, resistência à deformação e capacidade de suporte. Isto tem um impacto direto na qualidade e durabilidade da infraestrutura rodoviária, o que, por sua vez, contribui para um funcionamento mais seguro e económico das estradas e pavimentos.

1.4.3 Viabilidade

A ênfase na sustentabilidade ambiental tornou-se uma das tendências mais significativas no domínio da engenharia civil e da construção de estradas. A utilização de borracha granular derivada de pneus reciclados não só resolve o problema da gestão de resíduos, como também tem o potencial de diminuir a pegada de carbono e reduzir o impacto ambiental em comparação com os métodos convencionais de estabilização do solo. A estabilização do subleito com borracha granular pode ter um impacto positivo na economia da construção de estradas, reduzindo a necessidade de materiais importados dispendiosos e de escavações extensas.

Uma sub-base que beneficie da incorporação de borracha granular pode prolongar a vida e a durabilidade da infraestrutura rodoviária, o que, por sua vez, reduz a necessidade de reparações e manutenção a longo prazo. Isto leva a um impacto reduzido no ambiente e promove uma infraestrutura mais sustentável.

1.5 Limitações da investigação

Os custos das análises laboratoriais constituem um constrangimento significativo, uma vez que não há acesso a laboratórios universitários para efetuar essas análises de forma independente.

CAPÍTULO II: QUADRO TEÓRICO

2.1 Antecedentes do inquérito

2.1.1 Nível internacional

Patiño, J. (2017) realizou a investigação "*Estabilização do solo utilizando adições de borracha reciclada*". Tese para obtenção do título de Doutor em Engenharia Civil, Faculdade de Engenharia Civil, Universidade Católica de Santiago de Guayaquil, Equador. Neste trabalho de tese, é efectuado o processo de estabilização de dois tipos diferentes de solo utilizando borracha reciclada. Os ensaios serão efectuados com o mesmo tipo de borracha, que provém de pneus reciclados; a única diferença entre os dois tipos de borracha utilizados reside na quantidade de processos de reciclagem a que foram submetidos. Além disso, serão efectuados processos de triagem dos dois tipos de solo que serão utilizados nos ensaios dos provetes. Os ensaios serão efectuados com dois tipos de provetes: solo puro e solo misturado com borracha. Estes ensaios serão realizados com o objetivo de determinar a resistência através do ensaio CBR (California Bearing Ratio) e a densidade através do ensaio Proctor modificado, seguindo as normas estabelecidas pela ASTM, que serão os protocolos fundamentais desta investigação. Os resultados obtidos em laboratório fornecerão as informações necessárias para avaliar a eficácia da estabilização do solo através da mistura de solo e borracha, considerando os diferentes tipos de misturas que serão realizadas.

Laica, J. (2016) realizou a investigação intitulada "*Influencia de la inclusión de polímero reciclado (caucho) en las propiedades mecánicas de una* sub-base" . Tese para obtenção do grau de Engenheiro Civil, Faculdade de Engenharia Civil e Mecânica, Licenciatura em Engenharia, Universidade Técnica de Ambato, Equador. O relatório, elaborado como parte de um estudo experimental, tem como principal objetivo melhorar as propriedades mecânicas de uma sub-base de classe 3 através da incorporação de polímero reciclado, neste caso, borracha. Para levar a cabo esta investigação, começou-se por recolher os materiais necessários, que incluem a sub-base e o polímero de borracha reciclada. Numa primeira fase, foram avaliadas as propriedades físico-mecânicas da sub-base para determinar se o material cumpre os requisitos das normas AASHTO e ASTM. A sub-base foi obtida na Constructora Alvarado Ortiz, situada no cruzamento das ruas Arq. Lecorbusier e Sócrates. O polímero de borracha reciclada também foi solicitado à Proneumacosa, situada no Km 12 da Panamericana Norte, no sector "La Avelina". Foram realizados ensaios de compactação, Proctor modificado e California Bearing Ratio (CBR) com a incorporação de borracha em diferentes proporções. Finalmente, foram comparados os resultados obtidos tanto na amostra em estado natural como na amostra com adição de borracha em diferentes percentagens. Os resultados mostraram que, à medida que a quantidade de borracha na nossa base aumenta, a resistência diminui significativamente.

Álvarez, S. (2020) realizou a investigação "*Use of pulverised rubber granules from used tyres as a solution to reinforce soft subgrade soils in the Sabana de Bogotá*". Faculdade de Engenharia Civil e Ambiental, Engenharia Civil, Universidade Antonio Nariño, Bogotá, Colômbia. No qual a adição de borracha pulverizada de pneus fora de uso foi analisada como uma solução eficiente para reforçar os solos suaves de sub-base encontrados na Sabana de Bogotá. Conclui-se que, através de várias investigações efectuadas em diferentes partes do mundo sobre a utilização de pneus reciclados em solos que não têm capacidade para suportar estruturas rodoviárias, foi demonstrado que um pneu reciclado contém vários materiais que podem ser utilizados para reforçar um solo de sub-base com problemas de estabilidade. O pó de borracha, em particular, é apresentado como uma opção para reforçar solos instáveis, uma vez que pode melhorar algumas das suas propriedades mecânicas, como a resistência ao cisalhamento, a coesão e o ângulo de atrito, especialmente em solos argilosos. Além disso, observou-se que a mistura de 4% de pó de borracha com o solo inadequado resulta num aumento significativo do California Bearing Ratio (CBR). Para aplicar esta metodologia aos solos da cidade de Bogotá, foram examinadas e caracterizadas em pormenor as propriedades e o comportamento dos materiais presentes nos depósitos desta zona. Isto permitiu identificar as zonas da cidade onde seria viável a utilização de pó de borracha para reforçar o solo. A comparação entre os métodos tradicionais de melhoramento de solos moles e a abordagem proposta neste relatório revelou vantagens económicas e ambientais para a cidade. No entanto, devido à escassez de pesquisas na Colômbia sobre este tema em particular, não é possível afirmar com total certeza se o pó de borracha é adequado para uso nos solos da capital. No entanto, isso levanta uma nova linha de pesquisa no país que pode impulsionar futuros estudos relacionados a esse tópico.

Ravichandran, PT, Prasad, AS, Krishnan, KD & Rajkumar, PRK (2016). escreveu o artigo "*Effect of addition of shredded rubber from waste tyres on stabilization of weak soils*". Revista Internacional de Engenharia, Departamento de Engenharia Civil, Universidade SRM, Kattankulathur - 603203, Tamil Nadu, Índia. O objetivo desta investigação foi avaliar a viabilidade da utilização de pó de borracha granulado como aditivo para melhorar a resistência de solos com baixa capacidade de suporte. Dois tipos de solos argilosos problemáticos foram estabilizados através da adição de diferentes percentagens de borracha granulada (5%, 10%, 15% e 20%). As propriedades de resistência dos solos estabilizados foram avaliadas, concentrando-se no aumento da percentagem de borracha granulada até 10%, que foi analisada através de ensaios de California Bearing Ratio (CBR). Para além da melhoria da resistência, foram analisados os efeitos deste tipo de estabilizador e as variações na capacidade de drenagem. A incorporação de borracha granulada em ambos os tipos de solo resultou em alterações favoráveis na permeabilidade. Com 10% de borracha granulada, observou-se um aumento de 161% no valor do CBR para o solo A1 e de 130% para o solo A2. Estes resultados indicam que tanto a modificação da resistência como a melhoria da permeabilidade contribuem para uma estabilização mais eficaz dos solos argilosos. O aumento do valor do CBR do solo estabilizado tem o potencial de reduzir substancialmente a espessura total do pavimento, o que, por sua vez, pode resultar numa diminuição significativa dos custos globais associados à construção de estradas.

2.1.2 Nível nacional

Rojas, R. (2019) em sua pesquisa intitulada "*Melhoria do subleito incorporando borracha granular reciclada na Avenida Bonavista, Carabayllo, Lima - 2019* ". Tese para o título profissional de Engenheiro Civil na Faculdade de Engenharia, Escola Profissional Académica de Engenharia Civil, Universidade César Vallejo. Onde indica que, ao longo de muitos anos, as obras rodoviárias sofreram inúmeras falhas que reduzem sua vida útil, resultando em custos adicionais de manutenção. Estes problemas devem-se a vários factores, entre os quais se destaca a inadequada construção e resistência do subleito. Por outro lado, o crescimento dos resíduos sólidos, nomeadamente dos pneus fora de uso, e a sua gestão inadequada têm gerado poluição ambiental no nosso meio. Neste contexto, o objetivo desta investigação é determinar como a incorporação de borracha granular reciclada de pneus influencia as propriedades do solo. O estudo foi realizado numa secção da Avenida Bonavista, localizada no distrito de Carabayllo. Esta área encontra-se ao nível da sub-base e tem um solo em mau estado. A abordagem da pesquisa foi baseada no método científico, utilizando uma abordagem quantitativa envolvendo a coleta de dados para responder às questões de pesquisa. É classificada como investigação aplicada, uma vez que as teorias foram aplicadas em benefício da área de estudo, com um nível explicativo e um desenho experimental, onde uma das variáveis foi deliberadamente manipulada. A população de estudo foi o solo existente na Avenida Bonavista, tendo sido recolhidas amostras em duas fossas de 1,5 metros de profundidade. Os resultados da melhoria das propriedades do subleito não foram favoráveis, uma vez que a incorporação de borracha granular reciclada não conseguiu melhorar a compactação, a resistência e a expansão do solo testado. Tendo em conta o que precede, recomenda-se que se considere a utilização de borracha granular reciclada noutras aplicações para além da mecânica dos solos, a fim de reduzir a contaminação ambiental em áreas mais adequadas.

Cueto (2018) no seu trabalho de investigação "*Propuesta técnica para estabilizar talud con neumáticos reciclados, trocha carrozable Hualituna - Curva Gervasio - región Junín*". Tese para a obtenção do grau de Engenheiro Civil, Universidad Peruana Los Andes. O objetivo foi determinar uma proposta técnica para a estabilização de um talude utilizando pneus reciclados na estrada de terra Hualituna - Curva Gervasio, na região de Junín. A investigação foi de carácter aplicado, uma vez que se aplicaram conhecimentos teóricos para resolver problemas existentes, embora não tenha tido um desenho experimental. A população de estudo foi constituída pelos taludes ao longo da estrada e a amostra compreendeu os quilómetros 01+570 a 01+575. Os resultados desta investigação concluíram que a técnica proposta, utilizando pneus reciclados, permitiria a estabilização do talude na estrada Hualituna - Curva Gervasio. Além disso, foi proposta a utilização de pneus reciclados com diâmetro de 0,72 m e diâmetro interno de 0,45 m, preenchidos com material estéril composto por solo do tipo cascalho argiloso.

Huamán, R. & Muguerza, K. (2019) na sua investigação "*Influencia del caucho granulado en suelos cohesivos relacionado a la propiedad de la resistencia a la penetración (CBR), 2019*". Tese de Licenciatura em Engenharia Civil, Faculdade de Engenharia, Escuela Académico Profesional de Ingeniería Civil, Universidad César Vallejo. Neste projeto de investigação, examinou-se como a borracha granulada afecta a resistência à penetração em solos coesivos de Huayllay - Huaychao. A abordagem desta tese é considerada aplicada devido ao seu objetivo de resolver problemas práticos. A investigação centra-se na descrição da influência da borracha granulada e utiliza um desenho de investigação transversal quasi-experimental. A área de estudo abrangeu o troço Huayllay - Huaychao, na província de Pasco, e foram recolhidas amostras de solo em três poços de solo. Estas amostras foram levadas para o laboratório, onde se estudou como diferentes proporções de borracha granulada (5%, 10% e 15%) afectavam a resistência à penetração quando adicionadas ao peso seco do solo. No total, foram realizados 12 ensaios CBR para avaliar a resistência à penetração e determinar a proporção óptima de borracha granulada. Os resultados obtidos para a cova de ensaio 3 indicam uma classificação SUCS de argila de baixa plasticidade (LC). Foi observado um aumento do CBR com as percentagens de borracha de 5% e 10%, mas não com 15%. A percentagem de 10% de borracha granular foi identificada como a óptima, uma vez que aumentou a resistência do solo de 5,2% para 12,2%. Por outro lado, as covas 1 e 2 foram classificadas como cascalho com argila (GC) de acordo com o SUCS, e observou-se uma diminuição constante do CBR à medida que cada percentagem de borracha foi adicionada, passando de 26,27% para 20,16% e de 34,06% para 28,5%, respetivamente. Em conclusão, pode afirmar-se que a borracha granulada melhora os solos coesivos, desde que sejam cumpridos os parâmetros estabelecidos pela norma peruana MTC Suelos y Geotecnia - 2013.

Casimiro, V. & Melgarejo, K. (2022) na sua investigação "*Suelo Cohesivo estabilizado con Caucho Granulado para mejorar las propiedades físico-mecánicas de una subrasante en zonas rurales"*. Tese para a obtenção do grau de Engenheiro Civil, Faculdade de Engenharia, Escola Profissional de Engenharia Civil, Universidade Ricardo Palma. Neste estudo investigou-se a utilização da borracha granulada como agente estabilizador em solos coesivos, avaliando as suas propriedades físico-mecânicas, como a plasticidade, a densidade, a humidade e a capacidade de suporte. A metodologia utilizada foi dedutiva e baseou-se na revisão de mais de 30 trabalhos de investigação relacionados com a utilização deste subproduto de resíduos de pneus como agente estabilizador em solos coesivos. Esta revisão forneceu uma quantidade significativa de informação sobre a utilização de borracha granulada com o objetivo de prevenir problemas futuros em projectos de infra-estruturas rodoviárias. Além disso, examinou a forma como a borracha granulada afecta cada uma das propriedades do solo coesivo e como estas propriedades se relacionam entre si. Para realizar esta investigação, foram recolhidas amostras de solo no distrito de San Luis de Shuaro, província de Chanchamayo, Junín, que apresentavam características semelhantes às obtidas na revisão de dados de vários autores. O objetivo deste estudo foi analisar o comportamento de um solo coesivo quando se adiciona borracha granulada como agente estabilizador. Os resultados experimentais indicaram que o Limite de Retração aumenta com a adição de borracha granulada. A Densidade Seca Máxima atinge o seu valor máximo quando o solo se encontra no seu estado natural, diminuindo com a adição de borracha granulada. Em relação ao CBR em condições críticas (estado encharcado), observou-se uma diminuição da resistência após a incorporação de borracha granulada. Este facto não optimiza as propriedades físico-mecânicas do solo, uma vez que não cumpre os critérios mínimos necessários para ser considerado um bom subleito de acordo com o Manual de Estradas (MC-05-14) .

2.2 Base teórica

2.2.1 Solos

O solo é uma mistura de elementos, incluindo minerais, matéria orgânica, gases, líquidos e vários organismos, que contribuem para a manutenção da vida no nosso planeta. O solo sofre uma evolução constante, impulsionada por uma série de processos físicos, químicos e biológicos, incluindo a meteorização causada pela erosão. A principal tarefa de estabilização concentra-se em áreas com consistência de solo macio, tais como argila, barro, turfa ou solos orgânicos, a fim de obter propriedades de engenharia adequadas. De acordo com as observações de Sherwood, os materiais granulares com partículas pequenas tendem a ser mais susceptíveis à estabilização devido à sua grande área de superfície em comparação com o tamanho das partículas. Por outro lado, os solos argilosos são conhecidos pela sua grande área de superfície devido à forma achatada e alongada das suas partículas. No entanto, os solos argilosos podem ser sensíveis a pequenas alterações de humidade, o que pode levar a complicações durante o processo de estabilização (Sherwood, 1993).

Na engenharia civil, o solo desempenha um papel fundamental em todos os projectos, uma vez que actua como a fundação sobre a qual todas as cargas e tensões envolvidas serão distribuídas. No entanto, nem todos os solos são adequados para este fim, porque as suas propriedades geotécnicas podem não ser apropriadas, levando à necessidade de os modificar para aumentar a sua resistência e durabilidade (Delgado, C. & Mormontoy, V., 2021).

2.2.2 Solos argilosos

O solo argiloso é caracterizado pela presença predominante de partículas de argila em comparação com partículas de outros tamanhos. A argila é constituída por partículas minerais muito pequenas, com um diâmetro inferior a 0,001 mm, por oposição às partículas maiores, como o silte e a areia, que variam em tamanho, de mais pequeno a maior. Nos solos argilosos, há uma combinação de silte e areia, mas a proporção de argila é predominante e pode variar de acordo com as características específicas do solo (Quesada, 2008).

2.2.2.1 Variáveis que influenciam o comportamento expansivo dos solos argilosos

Vários factores influenciam o comportamento expansivo dos solos.

Alterações no teor de humidade. As variações de humidade na zona ativa do perfil do solo são cruciais para determinar se o solo vai inchar ou encolher.

Condição de humidade inicial. Um solo expansivo que tenha sido previamente seco apresenta uma maior afinidade pela água ou uma elevada sucção em comparação com o mesmo solo com um teor de humidade inicial mais elevado. Por outras palavras, quanto mais baixo for o teor de humidade inicial, maior será a tendência para a expansão.

Condições de tensão inicial. Uma redução considerável nas tensões iniciais de um estrato de solo pode causar um relaxamento significativo, resultando em mudanças volumétricas mais acentuadas.

Densidade seca inicial. Quando a densidade do solo é elevada, significa geralmente que as partículas do solo estão mais próximas umas das outras, o que aumenta as forças de repulsão entre elas e, por conseguinte, a propensão para inchar quando o solo absorve água.

Drenagem e outras fontes de água. A presença de canos partidos ou a irrigação do solo podem alterar o teor de humidade do solo.

Estrutura e organização das partículas do solo. As argilas com uma estrutura floculada tendem a mostrar uma maior tendência para inchar em comparação com as que têm uma estrutura dispersa.
Histórico de tensões. Os solos que sofreram anteriormente tensões significativas (solos sobreconsolidados) tendem a ser mais expansivos do que aqueles que foram sujeitos a tensões normais.

Influência do clima. O equilíbrio entre a evaporação e a precipitação numa determinada área pode ter um impacto significativo na humidade do solo.

Mineralogia das argilas. Os minerais de argila têm várias características expansivas, e a capacidade de expansão do solo está relacionada com o tipo e a quantidade de minerais de argila presentes. Os minerais de argila pertencentes ao grupo das esmectitas (como a montmorilonite) e a vermiculite são responsáveis por alterações volumétricas significativas. Embora a ilita e a caulinita raramente sejam expansivas, podem sofrer alterações de volume quando o tamanho das suas partículas é muito pequeno (menos de 0,1 micrómetros).

Plasticidade. De um modo geral, os solos que apresentam um comportamento plástico numa vasta gama de teores de humidade e que têm um limite líquido elevado têm um potencial mais elevado de retração e inchaço.

Química da água subterrânea. Os catiões como o sódio, o cálcio, o magnésio e o potássio dissolvidos na água aderem à superfície das argilas como catiões permutáveis para equilibrar as cargas eléctricas da superfície. O tipo de catião permutável influencia as propriedades expansivas do solo.

Sucção no solo. A sucção nos solos manifesta-se através da pressão negativa dos poros em solos não saturados. Quanto maior for a sucção, maior será o grau de inchamento.

Condições do lençol freático e da água subterrânea. As flutuações no lençol freático podem contribuir para alterações no teor de humidade do solo.

Efeito da vegetação. As árvores, os arbustos e as ervas absorvem a humidade do solo, criando zonas de humidade diferencial do solo.

Perfil do solo. A espessura e a localização de um estrato expansivo no perfil do solo determinam a magnitude e a velocidade do processo de inchamento.

Permeabilidade do solo. A presença de fendas e fissuras no solo, que aumenta a sua permeabilidade, pode acelerar a migração da água e, consequentemente, a taxa de expansão do solo.

Temperatura O aumento da temperatura provoca a deslocação da humidade para zonas mais frias, o que pode influenciar o comportamento expansivo do solo sob os pavimentos ou edifícios.

2.2.1.2 Propriedades dos solos argilosos

Área de superfície específica. Refere-se ao cálculo da área que engloba tanto a superfície externa como, se presente, a superfície interna das partículas constituintes.

Nas argilas, encontra-se uma área de superfície específica notavelmente elevada, que desempenha um papel fundamental na interação entre as partículas sólidas e o líquido circundante.

Plasticidade. A principal caraterística dos solos argilosos é a sua plasticidade, que se deve principalmente à forma e ao tamanho das partículas. A relação entre a quantidade de água e a quantidade de argila é essencial, uma vez que a água actua como um agente lubrificante entre as folhas de argila, permitindo-lhes deslizar em resposta a tensões aplicadas por uma carga externa. A plasticidade é tipicamente medida através da determinação dos limites de Atterberg, que serão detalhados mais adiante.

Hidratação e expansão. O fenómeno de expansão tem origem na absorção de água no espaço que separa as placas de argila. Este processo pode ser explicado da seguinte forma: quando a água penetra e provoca uma maior separação entre as placas, são geradas forças de repulsão eletrostática entre as placas, o que contribui para o processo de expansão e pode levar a uma separação completa entre algumas delas.

Tixotropia. A tixotropia refere-se à propriedade de certas argilas que, quando amassadas, adquirem uma consistência líquida; no entanto, quando em repouso, recuperam a sua coesão e voltam a comportar-se como um sólido. Este comportamento tixotrópico ocorre quando a argila contém um determinado nível de humidade próximo do seu limite líquido. Pelo contrário, quando a humidade atinge um nível próximo do limite plástico, a argila não apresenta a sua caraterística tixotrópica.

Capacidade de absorção. A capacidade de adsorção está intimamente relacionada com a textura do solo, incluindo a área de superfície específica e a porosidade. Neste caso, podem distinguir-se dois processos físicos distintos: o processo de absorção, que envolve principalmente fenómenos físicos, como a retenção capilar; e o processo de adsorção, que envolve uma interação química entre a argila e o líquido absorvido. Devido à sua elevada porosidade, a argila apresenta uma capacidade de adsorção significativa.

Capacidade de troca catiónica. Este fenómeno é reversível e refere-se à capacidade de trocar os iões fixados na superfície externa dos cristais, nos espaços entre camadas e noutras áreas internas das estruturas por iões presentes nas soluções aquosas circundantes. Esta caraterística é crucial, uma vez que as propriedades mecânicas das argilas variam em função da quantidade de catiões presentes nos seus complexos de adsorção. Diferentes tipos de catiões ligados estão associados a diferentes espessuras de película adsorvida, que por sua vez afectam as propriedades de plasticidade e resistência do solo. Este processo ocorre sem alterar substancialmente a estrutura do sólido. Por conseguinte, a troca catiónica controlada é utilizada para melhorar mecanicamente os solos.

2.2.3 Sub-base

O subleito refere-se à camada de solo sob a base das estradas, pavimentos ou outras estruturas de infra-estruturas. A sua principal função é fornecer apoio e firmeza à camada de base e ao pavimento, transmitindo assim as cargas e tensões geradas pelo tráfego ao solo subjacente. Para garantir a resistência e a estabilidade necessárias para manter a integridade da estrutura a construir sobre ela, é efectuada uma seleção e preparação do subleito. Este pode ser composto por vários tipos de solos e materiais, e a sua qualidade desempenha um papel essencial na durabilidade e segurança da infraestrutura.

2.2.3.1 Caracterização do subleito

Para efetuar a caraterização dos materiais utilizados no subleito, é necessário proceder a escavações, nomeadamente a covas com pelo menos 1,5 metros de profundidade. Estas covas devem ser colocadas alternadamente e no sentido longitudinal, mantendo uma distância aproximadamente uniforme entre elas.

A zona da base da sub-base, a uma profundidade não inferior a 0,60 metros, deve ser constituída por solos capazes de suportar as cargas exigidas, ou seja, com um CBR (California Bearing Ratio) igual ou superior a 6%. Por outro lado, se estes estratos não respeitarem este intervalo e tiverem um CBR inferior a 6% (o que é considerado uma sub-base de má qualidade ou inadequada), será necessário melhorar a sua resistência. Nesta fase, o engenheiro efectuará uma análise detalhada e proporá possíveis soluções de melhoria de acordo com as directrizes estabelecidas pelo MTC (Ministério dos Transportes e Comunicações) em 2014.

2.2.4 Borracha granulada

A borracha é uma substância derivada de hidrocarbonetos que se encontram no látex das árvores. Através da adição de ácido acético ou da exposição a altas temperaturas, a substância é solidificada e separada de outros componentes em quantidades mínimas. O resultado é a borracha crua, que tem uma textura viscosa e pegajosa, apresentando resistência e fragilidade a baixas temperaturas e flexibilidade a altas temperaturas. É importante notar que, uma vez submetida a processos de estiramento, a borracha não recupera as suas propriedades originais.

Em 1839, Charles Goodyear descobriu que, ao misturar borracha com enxofre e aquecê-la a 100°C, o enxofre combina-se quimicamente com a borracha, resultando em melhorias significativas. O resultado é uma borracha que não estala quando fria, não se deforma com o calor e não se torna pegajosa. Além disso, se for esticada ou manipulada, a borracha tem a capacidade de recuperar as suas propriedades originais.

Os diferentes tipos de borracha sintética têm uma origem comum em moléculas como o butadieno, o isopreno ou os seus derivados, todos com uma estrutura fundamentalmente semelhante (Castro, 2008, p. 45).

A borracha granulada apresenta características de longevidade, resistência ao envelhecimento e fácil manutenção.

Em termos de características físicas, a borracha granulada apresenta-se sob a forma de pequenas partículas pretas, com um diâmetro de cerca de 4 mm. É importante referir que a sua produção não tem um impacto negativo no ambiente e que possui uma elasticidade moderada, uma superfície antiderrapante, uma boa capacidade de drenagem da água e uma boa resistência à abrasão.

Do ponto de vista mecânico, a borracha granulada apresenta uma notável resistência ao cisalhamento, de acordo com os resultados dos ensaios triaxiais. Para além disso, tem a capacidade de absorver vibrações e possui flexibilidade.

Em termos de tamanho das partículas, a borracha granulada pode ser considerada como uma forma de areia, uma vez que as suas partículas têm um diâmetro entre 0,075 mm e 4,75 mm.

A estabilização do solo pobre com borracha granulada permite reduzir a espessura do pavimento projetado e prolongar a vida útil do pavimento. Esta técnica envolve a modificação do solo de sub-base, tirando partido das propriedades da borracha granulada, que é leve e apresenta uma elevada resistência ao cisalhamento. Além disso, contribui para resolver o problema do descarte inadequado de pneus e minimiza a poluição ambiental (Juliana et al., 2020, p. 2).

2.2.4.1 Classificação da borracha

Butadieno - Estireno. Este material é composto por 75% de butadieno e 25% de estireno e é produzido por um processo radical livre. É utilizado no fabrico de pneus para veículos.

Borracha de isobutileno - Isoprene. Este material é semelhante à borracha natural no seu desempenho, mas não tem a mesma flexibilidade. Caracteriza-se pela sua elevada resistência à oxidação e aos produtos corrosivos, bem como pela sua baixa permeabilidade aos gases. Por esta razão, é utilizado em câmaras de ar de pneus e é conhecido por ser difícil de vulcanizar.

Borracha natural. É originária de várias plantas que geram um líquido leitoso, conhecido como látex, quando os seus troncos são cortados, e a sua cor é geralmente branca.

Borracha sintética. Este material, semelhante à borracha natural, é produzido artificialmente através de processos químicos, nomeadamente a polimerização. Após o processamento, a borracha sintética é submetida ao processo de vulcanização.

Neopreno. O neopreno é um tipo de borracha sintética desenvolvida nas primeiras fases da investigação de Carothers. É conhecido pela sua elevada resistência ao calor e a produtos químicos, como o petróleo e o óleo. É normalmente utilizado em aplicações como oleodutos e isolamento de cabos.

Polibutadieno. O polibutadieno é uma borracha sintética muito utilizada no fabrico de pneus devido à sua elevada resistência ao desgaste. É formado através do processo de polimerização do monómero correspondente.

2.2.4.2 Propriedades da borracha

Dureza Shore. Refere-se à resposta elástica da borracha quando sujeita a impacto contra uma superfície dura. Esta medida avalia a resiliência elástica dos materiais.

Elasticidade. Refere-se à capacidade de um material voltar à sua forma original depois de ter sofrido tensões que o deformaram.

Índice de resistência à abrasão. Medida que avalia a capacidade de resistência de uma borracha vulcanizada em relação a uma norma específica em determinadas condições.

Resistência ao rasgamento. É definida como a força mínima necessária para partir uma amostra de uma polegada de espessura em condições específicas.

Resistência ao envelhecimento. Refere-se à capacidade do material para resistir à deterioração causada por factores como o calor, a luz e a exposição ao oxigénio durante a utilização ou o armazenamento.

2.3 Quadro concetual

CALICATA. A calicata é uma escavação efectuada no solo que nos dá a oportunidade de investigar a estrutura do solo a várias profundidades.

BORRACHA GRANULADA. Este pó ou partículas finas é utilizado numa variedade de aplicações, incluindo a construção de superfícies desportivas, campos de atletismo e de ténis, superfícies de segurança, isolamento acústico e é misturado com certos produtos derivados do betume para melhorar as características da superfície, tais como o aumento da durabilidade e a redução do ruído, tal como referido por Donaire em 2008.

CBR. O ensaio CBR avalia a capacidade de um solo resistir a forças de cisalhamento em condições específicas de humidade e densidade. A ASTM refere-se a este ensaio como "rácio de suporte" e a sua norma é definida na ASTM D 1883-73.

CAMADA DE SUB-BASE. Camada que trabalha em conjunto com a base e tem finalidades semelhantes, é incorporada quando a diminuição da espessura da base é considerada benéfica do ponto de vista económico, como afirma Burga em 2020.

COMPACTAÇÃO. Conceito típico dos solos granulares, a compacidade refere-se ao nível de compactação dos solos não coesivos. A compactação é uma caraterística crucial em estradas, aterros e qualquer tipo de aterro em geral, uma vez que está diretamente relacionada com a resistência, a deformabilidade e a estabilidade de um aterro. É essencial que o aterro seja adequadamente consolidado para evitar o assentamento.

TEOR DE HUMIDADE. Refere-se à relação entre o peso da água presente numa amostra no seu estado natural e o peso da mesma amostra após ter sido submetida a um processo de secagem numa estufa a temperaturas que variam entre 105ºC e 110ºC. Esta relação é expressa em percentagem e pode variar entre um valor mínimo, quando a amostra está completamente seca, e um valor máximo, que não é necessariamente 100%.

Segundo Raffino (2021), este autor assinala a relação que existe entre a quantidade de matéria (ou de um objeto) e o espaço que ocupa. Basicamente, é uma caraterística fundamental de qualquer substância. A densidade seca máxima refere-se ao maior valor de densidade que um solo pode atingir quando compactado na humidade ideal.

GRANULOMETRIA. O seu objetivo é determinar a gradação das partículas de uma amostra de solo, permitindo assim a sua classificação por sistemas como o AASHTO ou USCS. Este ensaio é de grande importância, pois contribui para o cumprimento dos requisitos necessários para a utilização de solos em aplicações como bases ou sub-bases de estradas, barragens de terra, diques, sistemas de drenagem e outras áreas onde este procedimento é aplicado.

ÍNDICE DE PLASTICIDADE. A propriedade de plasticidade é típica dos solos finos, aqueles em que o teor de humidade se situa no intervalo entre o limite líquido e o limite plástico. Nesta condição, o solo pode ser moldado de uma forma semelhante à plasticina ou à massa, uma vez que a quantidade óptima de moléculas de água no solo permite maximizar as forças de atração entre as partículas de minerais de argila.

MELHORIA. Refere-se às acções de construção realizadas para melhorar as condições físicas e operacionais de uma estrada pré-existente, quer para aumentar a sua capacidade, quer para prestar um serviço de maior qualidade em relação ao seu estado anterior.

PLASTICIDADE. A humidade, caraterística física de um solo, é um indicador do comportamento do solo em relação ao seu teor de água.

PROCTOR MODIFICADO: Foi feita uma modificação no ensaio Proctor convencional, aumentando a energia de compactação para 2.700 kN-m/m^3, aumentando o número de golpes por camada para 56 e o número de camadas para 5. Além disso, o peso do martelo (pistão metálico) foi aumentado para 4,54 kg e a altura de queda para 18 polegadas (45,57 cm).

RECICLAGEM. Processo de transformação de materiais previamente utilizados em matérias-primas para a criação de novos produtos.

FORÇA. A resistência, uma propriedade mecânica do solo, é essencial para melhorar a capacidade do solo de resistir a forças externas.

SUB-BASE. A sub-base desempenha um papel fundamental no suporte das cargas transmitidas pelo pavimento, conferindo-lhe estabilidade e servindo de base de apoio. A qualidade desta camada influencia diretamente a redução da espessura necessária do pavimento, o que pode levar a poupanças económicas sem comprometer a qualidade. Entre as características que devem ser respeitadas estão a resistência máxima de 3 polegadas, a expansão máxima de 5%, o grau de compactação mínimo de 95% e a espessura mínima de 30 cm em estradas de baixo tráfego, ou de 50 cm em estradas com um Tráfego Médio Diário Anual (TMDA) superior a 2000 veículos. Além disso, a sub-base desempenha um papel importante na prevenção da contaminação do pavimento pelo aterro e na prevenção da infiltração do pavimento pelos materiais de terraplenagem.

SOLO. O material presente na camada superficial da Terra é formado a partir da decomposição e fragmentação das rochas devido ao processo de meteorização, sem se afastar do seu local de origem. Esse material é composto por três fases distintas: sólida, líquida e gasosa, e sua origem pode ser tanto de fontes orgânicas quanto inorgânicas, conforme apontado na referência de Burga em 2020.

SOLO COESIVO. Um solo é considerado coesivo quando é composto principalmente por silte e argila, classificados como solos finos, que se caracterizam por uma forte coesão entre as partículas.

CAPÍTULO III : HIPÓTESES E VARIÁVEIS

3.1 Hipóteses

3.1.1 Hipótese geral

H.G. A utilização de borracha granular de pneus influencia a estabilização do subleito do solo natural em Jr. Tupac Amaru, distrito de Tambopata, Madre de Dios, 2022.

3.1.2 Hipóteses Hipóteses específicas

HE1: A adição de borracha granular de pneus melhorará os limites de consistência para a estabilização do subleito na estrada Jr. Tupac Amaru, distrito de Tambopata, Madre de Dios, 2022.

HE.2 A adição de borracha granular de pneus melhorará o Proctor modificado para estabilização de subleito em Jr. Tupac Amaru, distrito de Tambopata, Madre de Dios, 2022.

HE.3 A adição de borracha granular de pneus melhorará o CBR na estabilização do subleito na estrada Jr. Tupac Amaru, distrito de Tambopata, Madre de Dios, 2022.

3.2 Variáveis de investigação

3.2.1 Variável independente

X: borracha granulada de pneus

Indicadores: Percentagem de dosagem

3.2.2 Variável dependente

Y: Estabilização do subleito

Indicadores:

- Granulometria
- Limites de consistência
- Capacidade de carga (CBR)

3.3 Operacionalização das variáveis

<table>
<tr><th>Variáveis</th><th>Dimensões</th><th>Indicadores</th></tr>
<tr><td>Variável independente: Borracha granulada de pneu</td><td>Taxa de dosagem</td><td>• Taxa de dosagem</td></tr>
<tr><td rowspan="3">Variável dependente: Estabilização do subleito</td><td>1. Granulometria</td><td>• Tamanho das partículas.</td></tr>
<tr><td>2. Limites de consistência</td><td>• Limite de líquido
• Limite de plástico
• Índice de plasticidade.</td></tr>
<tr><td>3. Ensaio CBR</td><td>• 95% CBR
• 100% CBR</td></tr>
</table>

Quadro 1: *Matriz de operacionalização das variáveis*

CAPÍTULO IV: CONCEPÇÃO METODOLÓGICA

4.1 Tipo e conceção da investigação

4.1.1 Tipo de investigação

O presente projeto de investigação pertence ao domínio da investigação aplicada, uma vez que está orientado para a resolução de problemas práticos e para o fornecimento de respostas concretas a questões específicas. Neste contexto, o conhecimento é utilizado de forma rigorosa, organizada e sistemática para compreender a realidade. No âmbito deste projeto, serão realizados testes laboratoriais que produzirão resultados relacionados com a investigação (Behar, 2008, p. 20).

4.1.2 Conceção da investigação

O desenho desta investigação foi caracterizado como experimental, uma vez que se baseou na análise estatística para testar a hipótese. Este tipo de desenho experimental é o único que pode estabelecer uma relação de causa e efeito num ou mais grupos de estudo. O objetivo é determinar como a utilização de borracha granular de pneus influencia a estabilização do subleito do solo natural em Tupac Amaru Jr., Distrito de Tambopata, Madre de Dios, 2022.

Esboço:

Onde:

O1 = Solo natural.

X = borracha granulada de pneus.

O2 = Solo tratado.

4.1.3 Nível de investigação

O nível de investigação é de natureza explicativa, uma vez que o seu principal objetivo é revelar a relação entre uma variável e uma ou várias outras. Estes estudos centram-se no desvendar de causas e efeitos, o que os torna de natureza causal, exigindo um exame minucioso e satisfazendo outros critérios de causalidade. O seu objetivo fundamental é o exame de hipóteses causais e a procura das causas subjacentes a fenómenos ou acontecimentos, tanto no domínio natural como no domínio social. Este tipo de investigação visa identificar e analisar as variáveis independentes, que actuam como possíveis causas, e a forma como estas influenciam as variáveis dependentes observáveis. Para além disso, são consideradas as variáveis intervenientes, que podem ter um efeito secundário e desempenhar um papel relevante no estudo.

4.2 Método de investigação

Foi adotado um método de investigação dedutivo, que segue um processo lógico que vai do mais geral para o mais específico. Parte-se de uma premissa geral ou de uma teoria alargada e, em seguida, recorre-se à aplicação de regras lógicas e ao raciocínio dedutivo para chegar a conclusões específicas e verificáveis. Estas conclusões são testadas por provas empíricas para verificar se são coerentes com o que é observado na realidade.

Uma caraterística fundamental do método dedutivo é o facto de as conclusões resultantes serem necessariamente verdadeiras se as premissas iniciais forem verdadeiras e o processo de raciocínio for válido. No entanto, é fundamental considerar que a validade das conclusões depende da qualidade das premissas iniciais e da exatidão da lógica aplicada.

Esta abordagem dedutiva é amplamente utilizada em várias disciplinas científicas, como a física, a química, a matemática e a filosofia. É também aplicada na investigação em ciências sociais, onde as teorias ou quadros conceptuais existentes são utilizados para formular hipóteses específicas e conceber estudos para as testar.

O método de investigação dedutivo baseia-se no raciocínio lógico e parte de premissas ou teorias gerais para chegar a conclusões específicas.

População e amostra

4.3.1 População

Nesta pesquisa, não é apropriado determinar a população do estudo, pois o foco é analisar o processo de estabilização do subleito especificamente em Jr. Tupac Amaru, Distrito de Tambopata, Madre de Dios, durante o ano de 2022.

4.3.2 Amostra

Três calicatas do solo argiloso localizado em Jr. Tupac Amaru, no Distrito de Tambopata, Região de Madre de Dios, durante o ano de 2022.

4.4 Local de estudo

4.5 Técnicas de recolha de dados

4.2.1 Técnicas

Os métodos utilizados para obter dados neste estudo incluirão a observação direta, a análise de documentos e testes laboratoriais.

4.2.2 Instrumentos

Os formatos de recolha de dados serão utilizados como uma ferramenta para armazenar as informações recolhidas.

CAPÍTULO V: APRESENTAÇÃO DOS RESULTADOS

5.1 Análise de quadros e gráficos

Foto N° 2. Mapa de localização de Jr. Tupac Amaru, Distrito de Tambopata, Madre de Dios

O projeto de estabilização do subleito do solo natural com adição de borracha granular de pneus em Jr. Tupac Amaru, distrito de Tambopata, Madre de Dios, foi executado no local indicado.

Quadro 2

Teor de humidade

DETERMINAÇÃO DO TEOR DE HUMIDADE DO MATERIAL EXTRAÍDO			
CALICATA	**1**		
Peso do recipiente + solo natural (g)	220.5	210.5	198.5
Peso do recipiente + solo seco (g)	221.1	217.61	175.04
Peso do navio (g)	0	0	0
Peso da água (g)	27.4	20.89	23.46
Peso natural do solo (g)	230.1	208.5	198.5
Peso do solo seco (g)	214.1	207.61	175.04
Teor de humidade W (%)	15.00%	12.50%	13.40%
TEOR DE HUMIDADE	**13.63%**		

Fonte: Calicata del Jr. Tupac Amaru, Distrito de Tambopata, Madre de Dios.

Gráfico n.º 1

Teor de humidade W (%).

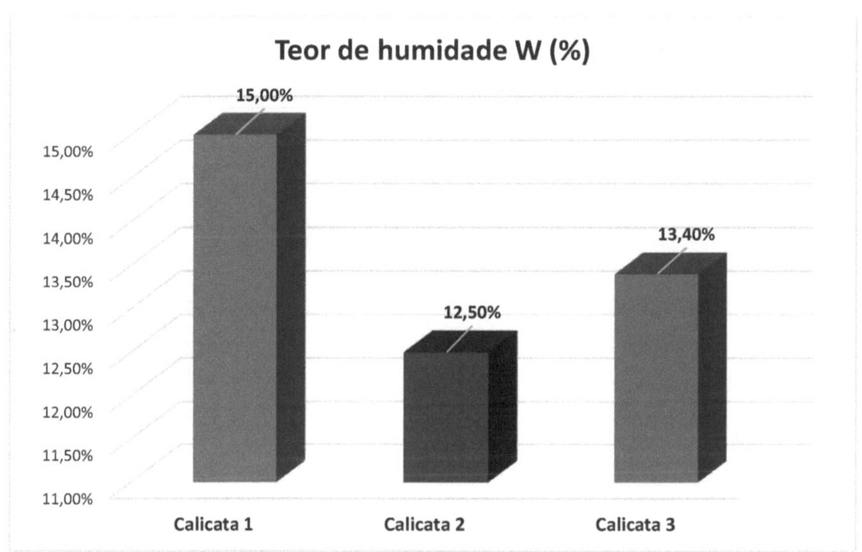

Fonte: Calicata del Jr. Tupac Amaru, Distrito de Tambopata, Madre de Dios.

De acordo com os dados apresentados na tabela 2 e no gráfico 1, verifica-se que na Jr. Tupac Amaru existe uma variabilidade nos teores de humidade entre as três covas examinadas. O primeiro ponto de escavação apresenta um teor de humidade de 15,00%, a segunda escavação apresenta um teor de humidade de 12,50% e a terceira escavação apresenta um valor de humidade de 13,40%. Por conseguinte, pode deduzir-se que o teor médio de humidade em Tupac Amaru Jr. é de cerca de 13,63%.

Quadro 3

Limite líquido, limite plástico e índice de plasticidade

LIMITE PLÁSTICO (LP) - ASTM 4318			
CALICATA	**1**		
Peso da cápsula (g)	11.4	11.5	11.4
Peso da cápsula + solo húmido (g)	21	20.3	21
Peso da cápsula + solo seco (g)	19.27	18.57	19.27
Peso do solo seco (g)	7.87	7.08	8.87
Teor de humidade W (%)	12.8		8.5
Limite plástico (%)	**11.43%**		
LIMITE DE LÍQUIDO (LL) - ASTM 4318			
CALICATA	**1**		
Peso da cápsula (g)		37.2	
Peso da cápsula + solo húmido (g)	60.2		60.2

Peso da cápsula + solo seco (g)	54.4	59.5	54.4
Número de acertos		29	
Peso do solo seco (g)	16.7	19.8	16.7
Teor de humidade W (%)	35.2	38.8	
Limite de líquido (%)	**37.00%**		
ÍNDICE DE PLASTICIDADE (IP) - ASTM 4318			
Índice de plasticidade (%)	**25.57%**		

Fonte: Calicata **del** Jr. Tupac Amaru, Distrito de Tambopata, Madre de Dios.

Com base nas informações fornecidas na Tabela 3, os resultados dos limites de consistência do solo após a modificação em Jr. Tupac Amaru podem ser examinados. Os valores obtidos são os seguintes: o Limite Plástico (LP) é de 11,43%, o Limite Líquido (LL) apresenta um valor de 37,00% e o Índice de Plasticidade (IP) é estimado em 25,57%.

Quadro 4

Ensaio Proctor Modificado

TESTE DE PROCTOR MODIFICADO						
CALICATA	**RESULTADOS**	**TESTE 1**	**TESTE 2**	**TESTE 3**	**TESTE 4**	**RESULTADO**
CALICATA 1	Compactação (Densidade húmida (g/cm3))	1.725	2.018	2.016	1.995	1.939
	Compactação (Densidade seca (g/cm3))	1.662	1.858	1.919	1.722	1.790
CALICATA 2	Compactação (Densidade húmida (g/cm3))	1.892	2.02	2.11	2.07	2.023
	Compactação (Densidade seca (g/cm3))	1.713	1.814	1.843	1.795	1.791
CALICATA 3	Compactação (Densidade húmida (g/cm3))	1.92	2.08	2.22	2.15	2.093
	Compactação (Densidade seca (g/cm3))	1.838	1.925	1.984	1.886	1.908

Fonte: Calicata del Jr. Tupac Amaru, Distrito de Tambopata, Madre de Dios.

Analisando a informação fornecida na tabela 4, podem ser vistos os resultados do ensaio Proctor Modificado para as três covas de teste em termos de compactação. Na primeira cava, regista-se uma Densidade Húmida de 1,939 g/cm^3 e uma Densidade Seca de 1,790 g/cm^3. Na segunda cava, a Densidade Húmida é de 2,023 g/cm^3, enquanto a Densidade Seca é de 1,791 g/cm^3. Finalmente, na terceira cava de ensaio, obtém-se uma densidade húmida de 2,093 g/cm^3 e uma densidade seca de 1,908 g/cm^3.

PROCESSO DE TESTE DE HIPÓTESES

Nível de significância.

- Margem de erro equivalente a 5%.

Nível de confiança.

- Os resultados são garantidos a 95%

Estatístico.

- ANOVA

Regra de decisão.

- Se Sig. < 0,05, a hipótese nula é rejeitada.

Processo geral de teste de hipóteses

$_{0}H$: A utilização de borracha granular de pneus não influencia a estabilização do subleito do solo natural em Jr. Tupac Amaru, distrito de Tambopata, Madre de Dios, 2022.

$_{1}H$: A utilização de borracha granular de pneus influencia a estabilização do subleito natural do solo em Jr. Tupac Amaru, distrito de Tambopata, Madre de Dios, 2022.

Quadro 5

Teste ANOVA Estabilização do solo

ANOVA

		Soma de quadrados	gl	Raiz quadrada média	F	Sig.
Estabilização do solo	Entre grupos	,942		,236	3,806	,000
	Dentro dos grupos	,868		,062		
	Total	1,810	18			

Fonte: Calicata del Jr. Tupac Amaru, Distrito de Tambopata, Madre de Dios.

Decisão:

Ao analisar a Tabela 5, é evidente que os resultados indicam uma influência notável da borracha granular de pneus na melhoria da estabilidade do subleito na estrada Jr. Tupac Amaru, localizada no Distrito de Tambopata, Madre de Dios. Este impacto é confirmado com um valor de significância (0,000), que é inferior a 0,05, resultando na rejeição da hipótese nula.

Processo específico de teste de hipóteses 1:

$_0$H : A adição de borracha granular de pneus não melhorará os limites de consistência para a estabilização do subleito em Jr. Tupac Amaru, distrito de Tambopata, Madre de Dios, 2022.

$_1$H : A adição de borracha granular de pneus melhorará os limites de consistência para a estabilização do subleito na estrada Jr. Tupac Amaru, distrito de Tambopata, Madre de Dios, 2022.

Quadro 6

Teste ANOVA Consistência Limite Melhoria

ANOVA

		Soma de quadrados	gl	Raiz quadrada média	F	Sig.
Melhorar os limites de coerência	Entre grupos	,876		,219	3,842	,000
	Dentro dos grupos	,792		,057		
	Total	1,668	18			

Fonte: Calicata del Jr. Tupac Amaru, Distrito de Tambopata, Madre de Dios.

Decisão:

A análise da Tabela 6 mostra que os resultados indicam que a borracha granular de pneus tem um impacto significativo nos limites de consistência do subleito em Jr. Tupac Amaru, localizado no distrito de Tambopata, Madre de Dios. Este impacto é apoiado por um valor de significância (0,000) que é inferior a 0,05, levando à rejeição da primeira hipótese nula específica.

Processo específico de teste de hipóteses 2:

$_0H$: A adição de borracha granular de pneus não melhorará o Proctor modificado para a estabilização do subleito em Jr. Tupac Amaru, distrito de Tambopata, Madre de Dios, 2022.

$_1H$: A adição de borracha granular de pneus melhorará o Proctor modificado para a estabilização do subleito em Jr. Tupac Amaru, distrito de Tambopata, Madre de Dios, 2022.

Quadro 7

Teste ANOVA Proctor Modificado Melhoria

ANOVA						
		Soma de quadrados	gl	Raiz quadrada média	F	Sig.
Melhoria do Proctor Modificado	Entre grupos	,857		,214	4,116	,000
	Dentro dos grupos	,724		,052		
	Total	1,581	18			

Fonte: Calicata del Jr. Tupac Amaru, Distrito de Tambopata, Madre de Dios.

Decisão:

Examinando a Tabela 7, os resultados indicam que a borracha granular de pneus tem um impacto substancial no ensaio Proctor modificado do subleito em Jr. Tupac Amaru, localizado no distrito de Tambopata, Madre de Dios. Isto deve-se ao facto de o valor de significância (0,000) ser inferior a 0,05, o que leva à rejeição da segunda hipótese nula específica.

Processo de teste de hipóteses específicas 3:

$_0$H : A adição de borracha granular de pneus não melhorará o CBR na estabilização do subleito em Jr. Tupac Amaru, distrito de Tambopata, Madre de Dios, 2022.

$_1$H : A adição de borracha granular de pneus melhorará o CBR na estabilização do subleito em Jr. Tupac Amaru, distrito de Tambopata, Madre de Dios, 2022.

Quadro 8

Teste ANOVA Melhoria do CBR

ANOVA

		Soma de quadrados	gl	Raiz quadrada média	F	Sig.
Melhorar o RBC	Entre grupos	,834		,209	4,098	,000
	Dentro dos grupos	,712		,051		
	Total	1,552	18			

Fonte: Calicata del Jr. Tupac Amaru, Distrito de Tambopata, Madre de Dios.

Decisão:

Ao analisar a Tabela 8, os resultados indicam que a borracha granular de pneus tem um impacto significativo no CBR (California Bearing Ratio) do subleito em Jr. Tupac Amaru, localizado no distrito de Tambopata, Madre de Dios. Isto deve-se ao facto de o valor de significância (0,000) ser inferior a 0,05, o que leva à rejeição da terceira hipótese nula específica.

5.2 Discussão dos resultados

O principal objetivo deste estudo foi examinar como a borracha granular de pneus afecta a melhoria da estabilidade do subleito em Jr. Tupac Amaru, localizado no distrito de Tambopata, Madre de Dios, durante o ano de 2022. Para atingir este objetivo, foram realizadas avaliações em três aspectos essenciais: limites de consistência, ensaio Proctor modificado e capacidade de suporte (CBR).

Em relação ao objetivo central deste estudo, os resultados mostram que a utilização de borracha granular de pneus tem um efeito significativo na melhoria da estabilidade do subleito na estrada Tupac Amaru Jr., localizada no distrito de Tambopata, Madre de Dios. Isto é confirmado pelo valor de significância (0,000), que é inferior a 0,05, resultando na rejeição da hipótese nula.
No que diz respeito ao primeiro objetivo específico desta investigação, os resultados indicam que a borracha granular de pneus tem um efeito significativo nos limites de consistência do subleito em Jr. Tupac Amaru, localizado no distrito de Tambopata, Madre de Dios. Esta conclusão é apoiada pelo valor de significância (0,000), que é inferior a 0,05, resultando na rejeição da primeira hipótese nula específica.

Em relação ao segundo objetivo específico deste estudo, os resultados indicam que a borracha granular de pneus tem um efeito significativo no ensaio Proctor modificado do subleito em Jr. Tupac Amaru, localizado no distrito de Tambopata, Madre de Dios. Este impacto é apoiado por um valor de significância (0,000), que é inferior a 0,05, levando à rejeição da terceira hipótese nula específica.

Em relação ao terceiro objetivo específico deste estudo, os resultados mostram que a borracha granular de pneus tem uma influência significativa no CBR (California Bearing Ratio) do subleito da estrada Tupac Amaru, localizada no distrito de Tambopata, Madre de Dios. Este efeito é apoiado pelo valor de significância (0,000), que é inferior a 0,05, levando à rejeição da segunda hipótese nula específica.

Os resultados deste estudo coincidem com as conclusões de Patiño, J. (2017), uma vez que indicam que os processos de classificação serão efectuados em dois tipos de solo para os ensaios de sonda. As experiências serão realizadas utilizando dois tipos de sondas: uma de solo puro e outra de solo misturado com borracha. Estes ensaios serão realizados com o objetivo de avaliar a resistência através do ensaio CBR (California Bearing Ratio) e a densidade através do ensaio Proctor modificado, seguindo as normas estabelecidas pela ASTM, que serão os protocolos essenciais neste estudo. Os resultados obtidos em laboratório fornecerão a informação necessária para avaliar a eficácia da estabilização do solo através da mistura solo-borracha, tendo em conta as diferentes combinações que serão efectuadas.

Da mesma forma, estes resultados são consistentes com as conclusões de Laica, J. (2016), que indicam que a investigação foi iniciada com a recolha dos materiais essenciais, incluindo a sub-base e o polímero de borracha reciclada. Numa fase inicial, foram examinadas as propriedades físico-mecânicas da sub-base para determinar a sua conformidade com os requisitos estabelecidos pelas normas AASHTO e ASTM. A sub-base foi adquirida à Constructora Alvarado Ortiz, situada no cruzamento das ruas Arq. Lecorbusier e Sócrates. Além disso, o polímero de borracha reciclada foi obtido na Proneumacosa, situada no Km 12 da Panamericana Norte, no sector "La Avelina". Foram realizados ensaios de compactação, Proctor modificado e California Bearing Ratio (CBR) com a incorporação de borracha em várias proporções. Por fim, foram comparados os resultados obtidos tanto na amostra em estado natural como na amostra com adição de borracha em diferentes percentagens. Os resultados mostraram que, à medida que a quantidade de borracha na nossa base aumenta, a resistência diminui significativamente.

Os resultados são semelhantes aos de Alvarez, S. (2020), onde chega às conclusões de que, através de várias investigações realizadas em diferentes partes do mundo sobre a utilização de pneus reciclados em solos que não têm capacidade para suportar estruturas rodoviárias, foi demonstrado que um pneu reciclado contém vários materiais que podem ser utilizados para reforçar um solo de sub-base com problemas de estabilidade. O pó de borracha, em particular, é apresentado como uma opção para reforçar solos instáveis, uma vez que pode melhorar algumas das suas propriedades mecânicas, como a resistência ao cisalhamento, a coesão e o ângulo de atrito, especialmente em solos argilosos. Além disso, observou-se que a mistura de 4% de pó de borracha com o solo inadequado resulta num aumento significativo do California Bearing Ratio (CBR). Para aplicar esta metodologia aos solos da cidade de Bogotá, foram examinadas e caracterizadas em pormenor as propriedades e o comportamento dos materiais presentes nos depósitos desta zona. Isto permitiu identificar as zonas da cidade onde seria viável a utilização de pó de borracha para reforçar o solo. A comparação entre os métodos tradicionais de melhoramento de solos moles e a abordagem proposta neste relatório revelou vantagens económicas e ambientais para a cidade. No entanto, devido à escassez de pesquisas na Colômbia sobre este tema em particular, não é possível afirmar com total certeza se o pó de borracha é adequado para uso nos solos da capital. No entanto, isso levanta uma nova linha de pesquisa no país que pode impulsionar futuros estudos relacionados a esse tópico.

De acordo com Rojas, R. (2019), o objetivo deste estudo é determinar o impacto da introdução de borracha granular reciclada de pneus nas propriedades do solo. A investigação foi realizada num segmento da Avenida Bonavista, localizado no Distrito de Carabayllo, caracterizado por condições de solo desfavoráveis. A abordagem metodológica baseou-se no método científico, utilizando uma abordagem quantitativa envolvendo a recolha de dados para responder às questões de investigação. Este estudo é classificado como aplicado, uma vez que as teorias são aplicadas em benefício da área de estudo, com um nível explicativo e um desenho experimental que manipulou deliberadamente uma das variáveis. A população de interesse foi o solo existente na Avenida Bonavista, tendo sido recolhidas amostras em duas fossas de solo com 1,5 metros de profundidade. No entanto, os resultados da melhoria das propriedades do subleito não foram positivos, uma vez que a incorporação de borracha granular reciclada não conseguiu melhorar a compactação, a resistência e a expansão do solo testado. Com base nestas conclusões, sugere-se que se considere a utilização de borracha granular reciclada noutras aplicações que não a mecânica dos solos para reduzir a contaminação ambiental em ambientes mais adequados.

De acordo com Cueto (2018), os resultados obtidos neste estudo são consistentes com as suas conclusões. O objetivo da pesquisa foi estabelecer uma proposta técnica para estabilizar um talude utilizando pneus reciclados na estrada de terra Hualituna - Curva Gervasio, na região de Junín. Este trabalho é classificado como aplicado, pois aplicou conhecimentos teóricos para resolver problemas existentes, embora não tenha sido efectuado um desenho experimental. A população em estudo foi constituída pelos taludes da estrada e a amostra foi selecionada entre os quilómetros 01+570 e 01+575. Os resultados da pesquisa concluíram que a proposta técnica de incorporação de pneus reciclados permitiria a estabilização do talude da pista Hualituna - Curva Gervasio. Além disso, recomenda-se a utilização de pneus reciclados com diâmetro de 072 m e diâmetro interno de 0,45 m, preenchidos com material estéril composto por solo do tipo cascalho argiloso.

Os resultados são consistentes com a investigação nacional, como a de Yucra e Huamán, R. & Muguerza, K. (2019), que levaram amostras para o laboratório para examinar o impacto de diferentes proporções de borracha granulada (5%, 10% e 15%) na resistência à penetração quando incorporada no peso seco do solo. No total, foram realizados 12 ensaios CBR para avaliar a resistência à penetração e determinar a proporção ideal de borracha granulada. Os resultados do poço de ensaio 3 indicaram uma classificação SUCS de argila de baixa plasticidade (LC). Será monitorizado um aumento do CBR com as proporções de 5% e 10% de borracha, mas não com 15%. A proporção óptima identificada foi de 10% de borracha granulada, uma vez que aumentou a resistência do solo de 5,2% para 12,2%. Por outro lado, as fossas 1 e 2 foram classificadas como cascalho com argila (GC) de acordo com o SUCS, e é evidente uma diminuição constante do CBR com cada aumento da percentagem de borracha, passando de 26,27% para 20,16% e de 34,06% para 28,5%, respetivamente. %, respetivamente. Em resumo, pode afirmar-se que a borracha granulada melhora os solos coesivos, desde que sejam cumpridos os parâmetros estabelecidos pela norma peruana MTC Suelos y Geotecnia - 2013.

Da mesma forma, os resultados obtidos por Casimiro, V. & Melgarejo, K. (2022) apresentam semelhanças com a presente pesquisa. Neste estudo, explorou-se a utilização da borracha granulada como agente estabilizador em solos coesivos, avaliando suas propriedades físico-mecânicas, como plasticidade, densidade, umidade e capacidade de suporte. A metodologia utilizada foi dedutiva e baseou-se na revisão de mais de 30 trabalhos de investigação relacionados com a utilização deste subproduto de resíduos de pneus como agente estabilizador em solos coesivos. Esta revisão forneceu uma quantidade significativa de informação sobre a utilização de borracha granulada com o objetivo de prevenir problemas futuros em projectos de infra-estruturas rodoviárias. Além disso, analisa a forma como a borracha granulada afecta cada uma das propriedades do solo coesivo e como estas propriedades se relacionam entre si. Para realizar esta investigação, foram recolhidas amostras de solo no distrito de San Luis de Shuaro, província de Chanchamayo, Junín, que apresentavam características semelhantes às obtidas na revisão de dados de vários autores. O objetivo deste estudo foi analisar o comportamento de um solo coesivo quando se adiciona borracha granulada como agente estabilizador. Os resultados experimentais indicaram que o Limite de Retração aumenta com a adição de borracha granulada. A Densidade Seca Máxima atinge o seu valor máximo quando o solo se encontra no seu estado natural, diminuindo com a adição de borracha granulada. Em relação ao CBR em condições críticas (estado encharcado), observa-se uma diminuição da resistência após a incorporação de borracha granulada. Esta situação não optimiza as propriedades físico-mecânicas do solo, uma vez que este não cumpre os critérios mínimos necessários para ser considerado uma boa sub-base de acordo com o Manual de Estradas (MC-05-14).

CONCLUSÕES

1. Concluiu-se que a introdução de borracha granular de pneus leva a uma melhoria substancial na estabilização do solo, uma vez que o valor de significância (0,000) é inferior a 0,05; portanto, a hipótese nula é descartada. Ou seja, o uso de borracha granular de pneu estabiliza significativamente o solo na Jr. Tupac Amaru. Em relação às amostras compactadas na humidade óptima, observou-se que a inclusão de borracha granular de pneus resultou numa diminuição da densidade húmida e contribuiu para melhorar o CBR (California Bearing Ratio).

2. Corrobora-se que os limites de consistência desempenham um papel significativo na estabilização do solo em Tupac Amaru Jr., suportado por um valor de significância (0,000) inferior a 0,05, o que resulta na rejeição da primeira exceção específica. Essa constatação reforça a importância dos limites de consistência no processo de estabilização do solo na localidade mencionada, principalmente quando se consideram as operações de compactação, que se tornam extremamente relevantes devido às condições climáticas específicas da região.

3. É evidente que o Proctor modificado exerce uma influência significativa na estabilização do solo, indicada pelo facto de o valor de significância (0,000) ser inferior a 0,05. Esta constatação implica a rejeição da segunda hipótese nula específica. Além disso, é importante notar que as operações de compactação em estudo se tornam relevantes tendo em conta as condições climáticas da região. Este aspeto realça ainda mais a importância de conhecer e considerar os limites de consistência do solo para uma estabilização eficaz.

4. Conclui-se que a influência do CBR na estabilização do solo em Tupac Amaru Jr. é significativa, suportada por um valor de significância (0,000) inferior a 0,05, resultando na rejeição da terceira hipótese nula específica. Além disso, é relevante notar que as misturas de solo estabilizadas com borracha granular de pneus exibiram melhorias notáveis, como o aumento da coesão, a redução da expansão e contração, bem como o aumento da capacidade de suporte. Estes resultados sublinham a eficácia e a utilidade da borracha granular de pneus para melhorar as propriedades geotécnicas do solo.

RECOMENDAÇÕES

1. Recomenda-se a utilização de 15% de CC para uma mistura óptima, uma vez que se obtém um aumento considerável do CBR em relação ao solo natural de 10,30%.

2. Recomenda-se que as cinzas de carvão sejam testadas para melhorar as propriedades mecânicas noutros tipos de solo.

3. Recomenda-se a realização de estudos de melhoria das propriedades mecânicas noutras camadas do pavimento, como a base ou a sub-base, uma vez que as cinzas de carvão têm componentes adequados para a estabilização.

4. É sempre aconselhável ter a orientação e supervisão de um engenheiro geotécnico ou de um profissional com experiência em projectos de estabilização de solos com produtos enzimáticos. O seu conhecimento e experiência são fundamentais para o sucesso do projeto.

REFERÊNCIAS BIBLIOGRÁFICAS

Álvarez, N. & Gutiérrez, J. (2019). Estudo experimental do efeito mecânico de um solo argiloso com adição de pó de borracha para aplicações geotécnicas [Universidad Peruana de Ciencias Aplicadas]. https://repositorioacademico.upc.edu.pe/handle/10757/648723

Arias Gonzáles, J. L. (2020). Técnicas e instrumentos de investigação científica. http://repositorio.concytec.gob.pe/handle/20.500.12390/2238

Casimiro, V. & Melgarejo, K. (2022). Solo coesivo estabilizado com borracha granulada para melhorar as propriedades físico-mecânicas de um subleito em áreas rurais.

Castro, A. (2017). Estabilização de solos argilosos com cinza de casca de arroz para melhoria do subleito.

Cuipal, B. (2018). Estabilização de subleito de solo argiloso utilizando polímero sintético na estrada Chachapoyas-Huancas, Amazonas.

Delgado, C. & Mormontoy, V. (2021). Estabilização de solos argilosos com adição de cinza de sabugo de milho e cal (Tese de Graduação). Universidad Andina del Cusco. https://repositorio.uandina.edu.pe/handle/20.500.12557/4587

Díaz Vásquez, F. (2018). Melhoria do subleito usando cinza de casca de arroz na estrada Dv San Martin - Lonya Grande, Amazonas 2018. http://repositorio.ucv.edu.pe/bitstream/handle/UCV/25951/Díaz_VF.pdf?sequence=1&isAllowed=y

Díaz, K. & Torres, R. (2019). Incorporação de partículas de borracha de pneu para melhorar as propriedades mecânicas em solos argilosos. http://repositorio.unj.edu.pe/handle/UNJ/236

Laica, J. (2016). Influência da inclusão de polímero reciclado (borracha) nas propriedades mecânicas de uma sub-base [Universidad Técnica de Ambato]. In American Journal of Orthodontics and Dentofacial Orthopedics (Vol. 20, Issue 1). https://repositorio.uta.edu.ec/handle/123456789/24440

Garibay, S. A. T. (2018). Geologia e Geotecnia. In Geología y Geotecnia (p. 28). https://www.fceia.unr.edu.ar/geologiaygeotecnia/TIPOS DE SUELO.pdf

Gutiérrez, F. & Rojas, H. (2020). Influência da adição de borracha granular nas características mecânicas do subleito em solos coesivos, Lima-2020. https://hdl.handle.net/20.500.12692/76304

Huamán, R. & Muguerza, K. (2019). Influência da borracha granulada em solos coesivos relacionados à propriedade de resistência à penetração (CBR), 2019. https://hdl.handle.net/20.500.12692/44767

Martínez, R. (2021). Estabilização do subleito com incorporação de borracha e cal na Avenida Chimpu Ocllo, Carabayllo, 2020. https://hdl.handle.net/20.500.12692/69294

MTC (2018). Glossário de termos frequentemente utilizados em projectos de infra-estruturas rodoviárias. Portal Del MTC, 27. http://transparencia.mtc.gob.pe/idm_docs/normas_legales/1_0_4032.pdf

Patiño, J. (2017). Estabilização do solo utilizando adições de borracha reciclada. http://repositorio.ucsg.edu.ec/handle/3317/9159

Rivera, J., Aguirre-Guerrero, A., Mejía de Gutiérrez, R., & Orobio, A. (2020). Estabilização química de solos - Materiais convencionais e alcalinos activados.

Ravichandran, PT, Prasad, AS, Krishnan, KD & Rajkumar, PRK (2016). Efeito da adição de borracha triturada de resíduos de pneus na estabilização de solos fracos. Jornal Indiano de Ciência e Tecnologia. https://doi.org/10.17485/ijst/2016/v9i5/87259

Rodríguez, D. (2021). Incorporação de borracha granulada para melhorar o comportamento físico e mecânico no subleito de solos argilosos, Puno 2021. https://repositorio.ucv.edu.pe/handle/20.500.12692/73080

Rojas, R. (2019). Melhoria do subleito incorporando borracha granular reciclada na Avenida Bonavista, Carabayllo, Lima - 2019.

ANEXOS

Anexo 1: Matriz de coerência

Título: ESTABILIZAÇÃO DO SUBGRUPO DE SOLOS NATURAIS COM ADIÇÃO DE BORRACHA GRANULAR NA REGIÃO JR. TUPAC AMARU, DISTRITO TAMBOPATA, MADRE DE DIOS, 2022.				
PROBLEMA	**OBJECTIVO**	**HIPÓTESE**	**VARIÁVEIS**	**METODOLOGIA**
PROBLEMA GERAL Em que medida a utilização de borracha granular de pneus influencia a estabilização do subleito do solo natural em Jr. Tupac Amaru, distrito de Tambopata, Madre de Dios, 2022? **PROBLEMAS ESPECÍFICOS** **PE1:** Como é que a adição de borracha granular irá melhorar os Limites de Consistência para a estabilização do subleito na Jr. Tupac Amaru, Distrito de Tambopata, Madre de Dios, 2022? **PE2:** Como é que a adição de borracha granular irá melhorar o Proctor modificado para a estabilização do subleito na Jr. Tupac Amaru, distrito de Tambopata, Madre de Dios, 2022? Em que medida é que a adição de borracha granular melhora o CBR na estabilização do subleito na estrada Jr. Tupac Amaru, distrito de Tambopata, Madre de Dios, 2022?	**OBJECTIVO GERAL** Determinar como a utilização de borracha granular de pneus influencia a estabilização da sub-base do solo natural em Jr. Tupac Amaru, Distrito de Tambopata, Madre de Dios, 2022. **OBJECTIVOS ESPECÍFICOS** **SO1:** Determinar como a adição de borracha granular irá melhorar os Limites de Consistência para a estabilização do subleito na Jr. Tupac Amaru, Distrito de Tambopata, Madre de Dios, 2022. **SO2:** Determinar como a adição de borracha granular melhorará o Proctor modificado para a estabilização do subleito em Jr. Tupac Amaru, Distrito de Tambopata, Madre de Dios, 2022. **SO3**: Determinar como a adição de borracha granular melhorará o CBR na estabilização do subleito na estrada Jr. Tupac Amaru, distrito de Tambopata, Madre de Dios, 2022.	**HIPÓTESE GERAL** A utilização de borracha granular de pneus influencia a estabilização do subleito do solo natural em Jr. Tupac Amaru, distrito de Tambopata, Madre de Dios, 2022. **PRESSUPOSTOS ESPECÍFICOS** **HE1:** A adição de borracha granular melhorará os limites de consistência para a estabilização do subleito na estrada Jr. Tupac Amaru, distrito de Tambopata, Madre de Dios, 2022. **HE.2** A adição de borracha granular melhorará o Proctor modificado para a estabilização do subleito em Jr. Tupac Amaru, distrito de Tambopata, Madre de Dios, 2022. **HE.3** A adição de borracha granular melhorará o CBR na estabilização do subleito de Jr. Tupac Amaru, distrito de Tambopata, Madre de Dios, 2022.	**VARIÁVEL INDEPENDENTE:** Borracha granulada para pneus **VARIÁVEL DEPENDENTE:** Estabilização do subleito **DIMENSÕES:** • Granulometria • Limites de consistência • Capacidade de carga (CBR)	DESENHO: - Experimental TIPO DE INVESTIGAÇÃO: - Aplicado NÍVEL DE INVESTIGAÇÃO: - Explicativo POPULAÇÃO: Não aplicável. AMOSTRA: 3 calicatas. TÉCNICA: Observação. INSTRUMENTO: Guia de observação. INTERPRETAÇÃO DOS RESULTADOS Estatística descritiva e inferencial

Anexo n.º 2: Modelo de validação dos instrumentos

GEOIN GEOTECNIA E INGENIEROS EIRL.

CONTENIDO DE HUMEDAD (ASTM D2216-19, NTP 339.127)

Datos del poyecto

Proyecto : "ESTABILIZACIÓN DE LA SUBRASANTE DEL SUELO NATURAL CON ADICIÓN DE CAUCHO GRANULAR DE NEUMÁTICOS EN EL JR. TUPAC AMARU, DISTRITO TAMBOPATA, MADRE DE DIOS, 2022"

Lugar : Jr. TUPAC AMARU, DISTRITO DE TAMBOPATA, MADRE DE DIOS

Dist/Prov. : TAMBOPATA – TAMBOPATA

Solicitante : EDWARD JIMMY PANDIA YAÑEZ

Hecho por : ING. VICTOR HUGO CARAZAS MAYANGA

Fecha : 20/06/2022

Datos de la Muestra

Calicata : P-1

Profundidad : 1.50 m.

condicion : Alterada

Datos del Equipo Calibrado

Equipo :

HORNO DIGITAL de 0°C a 300°C

Certificado de Calibración N° :

MT-LT-050-2020 del 02/12/2020

Datos y resultados de ensayo

CONTENIDO DE HUMEDAD

N° de Capsula		M - 01	M-02
Peso Recipiente + Suelo Natural	g	220.50	210.50
Peso Recipiente + Suelo Seco	g	221.10	217.61
Peso Recipiente	g	0.00	0.00
Peso del agua	g	27.40	20.89
Peso del Suelo Natural	g	230.10	208.50
Peso del Suelo Seco	g	214.10	207.61
Contenido de Humedad (w)	%	15.00	12.50

Contenido de Humedad: **13.75 %**

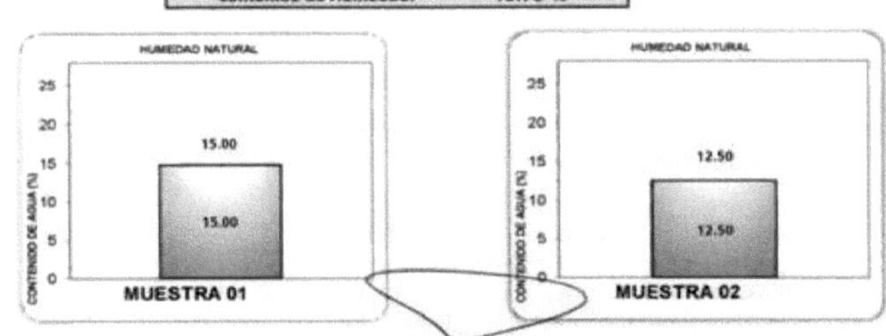

GEOTECNIA E INGENIEROS E.I.R.L.

VICTOR HUGO CARAZAS MAYANGA
INGENIERO CIVIL
CIP: 108352
AREA DE GEOTECNIA

GEOIN GEOTECNIA E INGENIEROS EIRL.

CONTENIDO DE HUMEDAD (ASTM D2216-19, NTP 339.127)

Datos del poyecto

Proyecto	:	"ESTABILIZACIÓN DE LA SUBRASANTE DEL SUELO NATURAL CON ADICIÓN DE CAUCHO GRANULAR DE NEUMÁTICOS EN EL JR. TUPAC AMARU, DISTRITO TAMBOPATA, MADRE DE DIOS, 2022"
Lugar	:	Jr. TUPAC AMARU, DISTRITO DE TAMBOPATA, MADRE DE DIOS
Dist/Prov.	:	TAMBOPATA – TAMBOPATA
Solicitante	:	EDWARD JIMMY PANDIA YAÑEZ
Hecho por	:	ING. VICTOR HUGO CARAZAS MAYANGA
Fecha	:	20/06/2022

Datos de la Muestra

Calicata	:	P-1
Profundidad	:	1.50 m.
condicion	:	Alterada

Datos del Equipo Calibrado

Equipo :

HORNO DIGITAL de 0°C a 300°C

Certificado de Calibración N° :

MT-LT-050-2020 del 02/12/2020

Datos y resultados de ensayo

CONTENIDO DE HUMEDAD

N° de Capsula		M - 01	M-02
Peso Recipiente + Suelo Natural	g	198.50	201.20
Peso Recipiente + Suelo Seco	g	175.04	177.30
Peso Recipiente	g	0.00	0.00
Peso del agua	g	23.46	23.90
Peso del Suelo Natural	g	198.50	201.20
Peso del Suelo Seco	g	175.04	177.30
Contenido de Humedad (w)	%	13.40	13.48

Contenido de Humedad: **13.44 %**

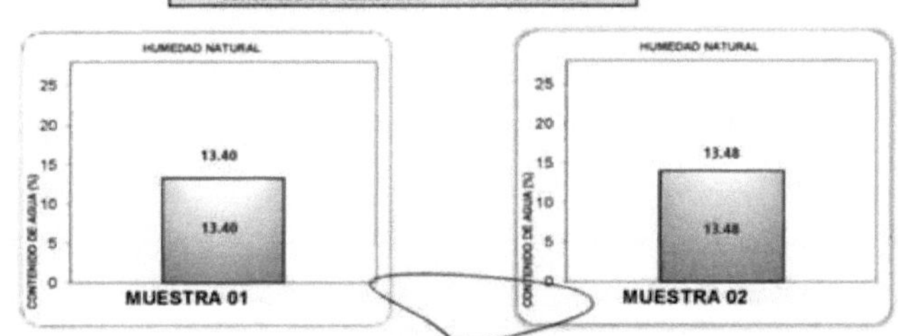

GEOTECNIA E INGENIEROS E.I.R.L.

VICTOR HUGO CARAZAS MAYANGA
INGENIERO CIVIL
CIP: 108152
AREA DE GEOTECNIA

GEOIN GEOTECNIA E INGENIEROS EIRL.

CONTENIDO DE HUMEDAD (ASTM D2216-19, NTP 339.127)

Datos del poyecto

Proyecto	:	"ESTABILIZACIÓN DE LA SUBRASANTE DEL SUELO NATURAL CON ADICIÓN DE CAUCHO GRANULAR DE NEUMÁTICOS EN EL JR. TUPAC AMARU, DISTRITO TAMBOPATA, MADRE DE DIOS, 2022"
Lugar	:	Jr. TUPAC AMARU, DISTRITO DE TAMBOPATA, MADRE DE DIOS
Dist/Prov.	:	TAMBOPATA – TAMBOPATA
Solicitante	:	EDWARD JIMMY PANDIA YAÑEZ
Hecho por	:	ING. VICTOR HUGO CARAZAS MAYANGA
Fecha	:	20/06/2022

Datos de la Muestra

-

Calicata	:	P-1
Profundidad	:	1.50 m.
condicion	:	Alterada

Datos del Equipo Calibrado

Equipo :

HORNO DIGITAL de 0°C a 300°C

Certificado de Calibración N° :

MT-LT-050-2020 del 02/12/2020

Datos y resultados de ensayo

CONTENIDO DE HUMEDAD

N° de Capsula		M - 01	M-02
Peso Recipiente + Suelo Natural	g	240.50	268.50
Peso Recipiente + Suelo Seco	g	241.10	237.61
Peso Recipiente	g	0.00	0.00
Peso del agua	g	27.40	30.89
Peso del Suelo Natural	g	240.10	268.50
Peso del Suelo Seco	g	214.10	237.61
Contenido de Humedad (w)	%	12.80	13.00

Contenido de Humedad:	**12.90 %**

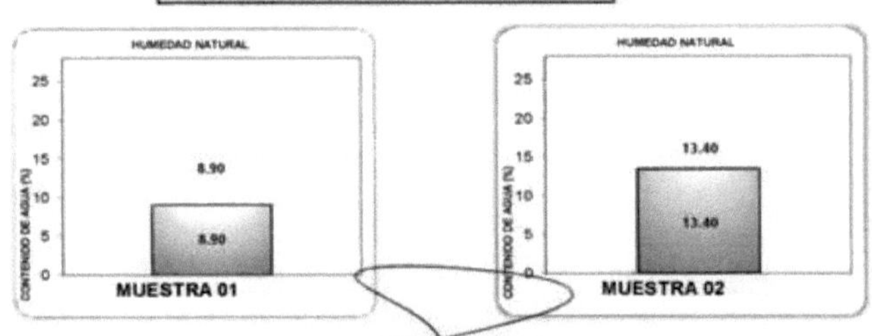

GEOTECNIA E INGENIEROS E.I.R.L.

VICTOR HUGO CARAZAS MAYANGA
INGENIERO CIVIL
AREA DE GEOTECNIA

GEOIN GEOTECNIA E INGENIEROS EIRL.

LIMITES DE CONSISTENCIA (ASTM D4318, NTP 339.129)

Datos del payecto

Proyecto	:	"ESTABILIZACIÓN DE LA SUBRASANTE DEL SUELO NATURAL CON ADICIÓN DE CAUCHO GRANULAR DE NEUMÁTICOS EN EL JR. TUPAC AMARU, DISTRITO TAMBOPATA, MADRE DE DIOS, 2022"
Lugar	:	Jr. TUPAC AMARU, DISTRITO DE TAMBOPATA, MADRE DE DIOS
Dist/Prov.	:	TAMBOPATA – TAMBOPATA
Solicitante	:	EDWARD JIMMY PANDIA YAÑEZ
Hecho por	:	ING. VICTOR HUGO CARAZAS MAYANGA
Fecha	:	20/06/2022

Datos de la Muestra

Calicata	:	P-1
Profundidad	:	1.50 m.
condicion	:	Alterada

Datos del Equipo Calibrado

Equipo :
CAZUELA DE CASAGRANDE
Certificado de Calibración N° :
MT-LT-137-2020 del 02/12/2020

Datos y resultados de ensayo

LIMITE PLASTICO - ASTM D 4318 — **LP (%) = 12.90**

Muestra	1	2
Numero de capsula	49.00	98.00
Peso de la Capsula (g)	11.40	11.50
Peso de la Capsula+Suelo Humedo (g)	21.00	20.30
Peso de la Capsula+ Suelo Seco (g)	19.27	18.57
Peso del Suelo Seco (g)	7.87	7.08
Contenido de Humedad (w)	12.80	13.00

IP (%) 15.40

LIMITE LIQUIDO - ASTM D 4318 — **LL (%) = 38.63**

Muestra	A	B	C
Numero de capsula	54.00	20.00	27.00
Peso de la Capsula (g)	37.00	37.20	39.80
Peso de la Capsula+Suelo Humedo (g)	60.20	62.00	59.00
Peso de la Capsula+ Suelo Seco (g)	54.40	59.50	55.45
Numero de golpes	34.00	29.00	21.00
Peso del Suelo Seco (g)	16.70	19.80	15.80
Contenido de Humedad (w)	35.20	38.80	41.90

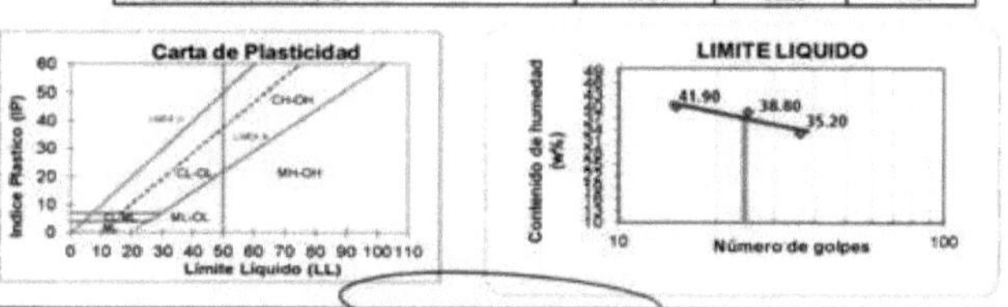

GEOTECNIA E INGENIEROS E.I.R.L.

VICTOR HUGO CARAZAS MAYANGA
INGENIERO CIVIL
AREA DE GEOTECNIA

GEOIN GEOTECNIA E INGENIEROS EIRL.

LIMITES DE CONSISTENCIA (ASTM D4318, NTP 339.129)

Datos del poyecto

Proyecto	:	"ESTABILIZACIÓN DE LA SUBRASANTE DEL SUELO NATURAL CON ADICIÓN DE CAUCHO GRANULAR DE NEUMÁTICOS EN EL JR. TUPAC AMARU, DISTRITO TAMBOPATA, MADRE DE DIOS, 2022"
Lugar	:	Jr. TUPAC AMARU, DISTRITO DE TAMBOPATA, MADRE DE DIOS
Dist/Prov.	:	TAMBOPATA – TAMBOPATA
Solicitante	:	EDWARD JIMMY PANDIA YAÑEZ
Hecho por	:	ING. VICTOR HUGO CARAZAS MAYANGA
Fecha	:	20/06/2022

Datos de la Muestra

Calicata	:	P-1
Profundidad	:	1.50 m.
condicion	:	Alterada

Datos del Equipo Calibrado

Equipo :
CAZUELA DE CASAGRANDE
Certificado de Calibración N° :
MT-LT-137-2020 del 02/12/2020

Datos y resultados de ensayo

LIMITE PLASTICO - ASTM D 4318 — **LP (%) = 9.00**

Muestra	1	2
Numero de capsula	174.00	128.00
Peso de la Capsula (g)	11.40	11.50
Peso de la Capsula+Suelo Humedo (g)	21.00	20.30
Peso de la Capsula+ Suelo Seco (g)	19.27	18.57
Peso del Suelo Seco (g)	8.87	8.08
Contenido de Humedad (w)	8.50	9.50

IP (%) 13.20

LIMITE LIQUIDO - ASTM D 4318 — **LL (%) = 34.86**

Muestra	A	B	C
Numero de capsula	91.00	66.00	41.00
Peso de la Capsula (g)	37.00	37.20	39.80
Peso de la Capsula+Suelo Humedo (g)	60.20	62.00	59.00
Peso de la Capsula+ Suelo Seco (g)	54.40	59.50	55.45
Numero de golpes	74.00	67.00	62.00
Peso del Suelo Seco (g)	16.70	19.80	15.80
Contenido de Humedad (w)	37.00	35.10	32.50

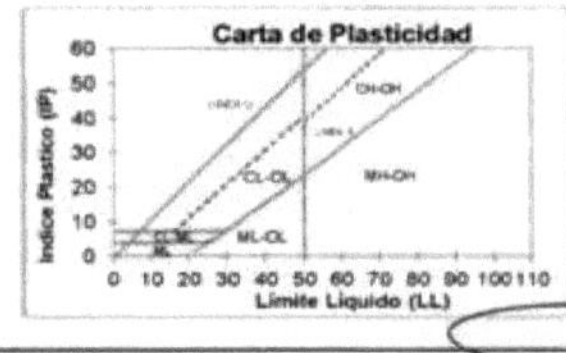

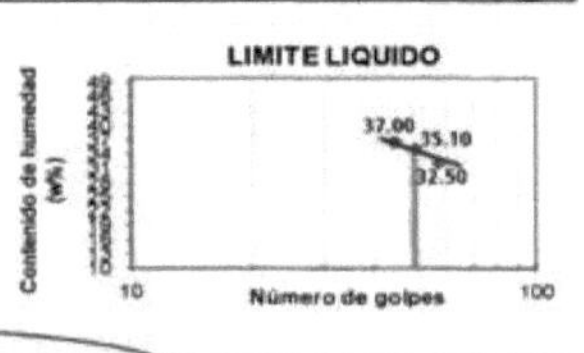

GEOTECNIA E INGENIEROS E.I.R.L.
VICTOR HUGO CARAZAS MAYANGA
INGENIERO CIVIL
CIP
AREA DE GEOTECNIA

GEOIN GEOTECNIA E INGENIEROS EIRL.

PUERTO MALDONADO JR. CUSCO 138 - TAMBOPATA · CUSCO URB. MEZA REDONDA A-4 - CUSCO

LIMITES DE CONSISTENCIA (ASTM D4318, NTP 339.129)

Datos del poyecto

Proyecto	:	"ESTABILIZACIÓN DE LA SUBRASANTE DEL SUELO NATURAL CON ADICIÓN DE CAUCHO GRANULAR DE NEUMÁTICOS EN EL JR. TUPAC AMARU, DISTRITO TAMBOPATA, MADRE DE DIOS, 2022"
Lugar	:	Jr. TUPAC AMARU, DISTRITO DE TAMBOPATA, MADRE DE DIOS
Dist/Prov.	:	TAMBOPATA – TAMBOPATA
Solicitante	:	EDWARD JIMMY PANDIA YAÑEZ
Hecho por	:	ING. VICTOR HUGO CARAZAS MAYANGA
Fecha	:	20/06/2022

Datos de la Muestra

Calicata	:	P-1
Profundidad	:	1.50 m.
condicion	:	Alterada

Datos del Equipo Calibrado

Equipo :
CAZUELA DE CASAGRANDE
Certificado de Calibración N° :
MT-LT-137-2020 del 02/12/2020

Datos y resultados de ensayo

LIMITE PLASTICO - ASTM D 4318 — **LP (%) = 20.00**

Muestra	1	2
Numero de capsula	81.00	188.00
Peso de la Capsula (g)	11.40	11.50
Peso de la Capsula+Suelo Humedo (g)	21.00	20.30
Peso de la Capsula+ Suelo Seco (g)	19.27	18.57
Peso del Suelo Seco (g)	19.87	18.08
Contenido de Humedad (w)	25.20	19.80

LIMITE LIQUIDO - ASTM D 4318 — **LL (%) = 34.93** — **IP (%) 14.93**

Muestra	A	B	C
Numero de capsula	66.00	36.00	55.00
Peso de la Capsula (g)	37.00	37.20	39.80
Peso de la Capsula+Suelo Humedo (g)	60.20	62.00	59.00
Peso de la Capsula+ Suelo Seco (g)	54.40	59.50	55.45
Numero de golpes	34.00	24.00	19.00
Peso del Suelo Seco (g)	16.70	19.80	15.80
Contenido de Humedad (w)	36.80	35.40	33.20

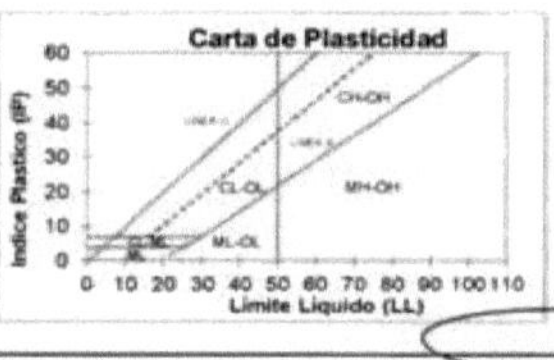

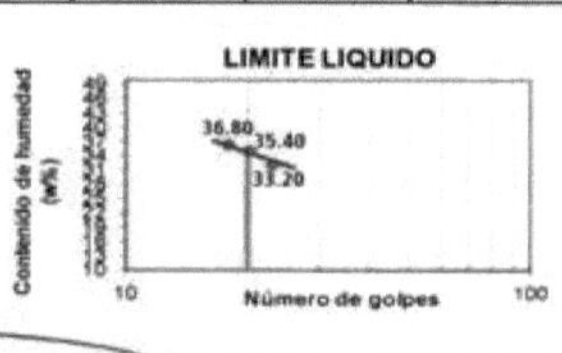

GEOTECNIA E INGENIEROS E.I.R.L.

VICTOR HUGO CARAZAS MAYANGA
INGENIERO CIVIL
CIP N° 083352
AREA DE GEOTECNIA

GEOIN GEOTECNIA E INGENIEROS EIRL.

ENSAYO PROCTOR MODIFICADO (ASTM D1557-12, NTP 339.142)

Datos del poyecto

Proyecto : "ESTABILIZACIÓN DE LA SUBRASANTE DEL SUELO NATURAL CON ADICIÓN DE CAUCHO GRANULAR DE NEUMÁTICOS EN EL JR. TUPAC AMARU, DISTRITO TAMBOPATA, MADRE DE DIOS, 2022"

Lugar : Jr. TUPAC AMARU, DISTRITO TAMBOPATA, MADRE DE DIOS — **Dist/Prov.** TAMBOPATA – TAMBOPATA

Solicitante : EDWARD JIMMY PANDIA YAÑEZ — **Hecho por** ING. VICTOR HUGO CARAZAS MAYANGA

Datos de la Muestra

Fecha : 20/06/2022

Calicata : P-1

Profundidad : 1.50 m.

condicion : Alterada

Datos del Equipo Calibrado

Equipo : PISÓN MANUAL DE PROCTOR MOD.

Certificado de Calibración N° : MT-IV-141-2020 del 02/28/2020

Datos y resultados de ensayo

Compactacion — Codigo de molde : P1		**Metodo** : A molde de 4"		
Prueba N°	1	2	3	4
Numero de capas	5	5	5	5
Numero de golpes	36	36	36	36
Peso suelo + molde (g)	6120	6340	6434	6320
Peso del molde (g)	6057	6058	6057	6057
Peso del suelo humedo compactado (g)	1676	1895	1990	1876
Volumen del molde (cm^3)	940.45	940.5	940.05	940.5
Densidad húmeda (g/cm^3)	1.725	2.018	2.016	1.995
Humedad				
N° de tara	163	233	231	154
Tara + Suelo Humedo (g)	501.20	500.20	532.20	511.40
Tara + Suelo Seco (g)	470.06	463.57	486.26	456.38
Peso de la tara	37.60	37.60	37.36	37.60
Peso del agua	31.14	36.63	45.94	53.20
Peso de suelo seco (g)	432.46	425.97	448.63	420.87
Humedad (%)	8.80	9.86	10.24	12.60
Densidad Seca (g/cm^3)	1.662	1.858	1.919	1.772

Maxima Densidad Seca (g/cm^3) : 1.926 ***Optimo Contenido de Humedad (%):*** 10.315

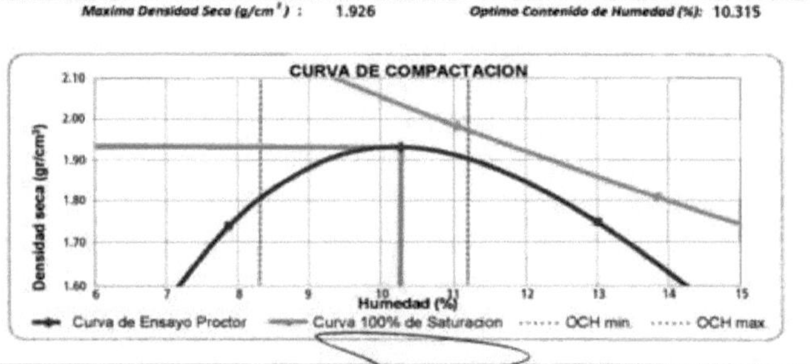

GEOTECNIA E INGENIEROS E.I.R.L.

VICTOR HUGO CARAZAS MAYANGA
INGENIERO CIVIL
AREA DE GEOTECNIA

GEOIN GEOTECNIA E INGENIEROS EIRL.

ENSAYO PROCTOR MODIFICADO (ASTM D1557-12, NTP 339.142)

Datos del poyecto

Proyecto	:	"ESTABILIZACIÓN DE LA SUBRASANTE DEL SUELO NATURAL CON ADICIÓN DE CAUCHO GRANULAR DE NEUMÁTICOS EN EL JR. TUPAC AMARU, DISTRITO TAMBOPATA, MADRE DE DIOS, 2022"		
Lugar	:	Jr. TUPAC AMARU, DISTRITO DE TAMBOPATA, MADRE DE DIOS	***Dist/Prov.***	TAMBOPATA – TAMBOPATA
Solicitante	:	EDWARD JIMMY PANDIA YAÑEZ	***Hecho por***	ING. VICTOR HUGO CARAZAS MAYANGA

Datos de la Muestra

			Fecha : 20/06/2022	
Calicata	:	P-1		
Profundidad	:	1.50 m.		
condicion	:	Alterada		

Datos del Equipo Calibrado

Equipo :
PISÓN MANUAL DE PROCTOR MOD.
Certificado de Calibración N° :
MT-IV-141-2020 del 02/28/2020

Datos y resultados de ensayo

Compactacion Codigo de molde : P1		***Metodo*** : ***A molde de 4"***		
Prueba N°	1	2	3	4
Numero de capas	5	5	5	5
Numero de golpes	56	56	56	56
Peso suelo + molde (g)	10000	10290	10468	10392
Peso del molde (g)	5997	5997	5997	5997
Peso del suelo humedo compactado (g)	4003	4293	4471	4395
Volumen del molde (cm^3)	2122.0	2122.0	2122.0	2122.0
Densidad húmeda (g/cm^3)	1.892	2.020	2.110	2.070
Humedad				
N° de tara	**317**	**310**	**270**	**235**
Tara + Suelo Humedo (g)	190.20	193.20	174.00	182.20
Tara + Suelo Seco (g)	180.21	176.11	155.10	158.58
Peso de la tara	19.60	17.60	37.59	19.65
Peso del agua	10.99	17.49	18.65	24.62
Peso de suelo seco (g)	160.52	150.39	138.39	139.21
Humedad (%)	8.86	10.41	14.03	11.70
Densidad Seca (g/cm^3)	1.713	1.814	1.843	1.795

Maxima Densidad Seca (g/cm^3) : 1.818 ***Optimo Contenido de Humedad (%):*** 12.22

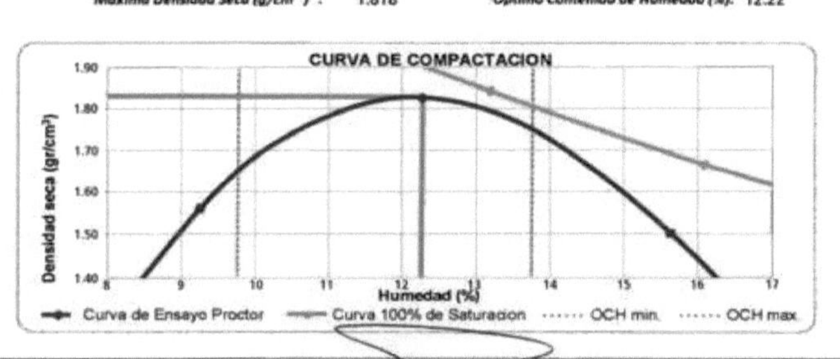

GEOTECNIA E INGENIEROS E.I.R.L.

VICTOR HUGO CARAZAS MAYANGA
INGENIERO CIVIL
ÁREA DE GEOTECNIA

GEOIN GEOTECNIA E INGENIEROS EIRL.

ENSAYO PROCTOR MODIFICADO (ASTM D1557-12, NTP 339.142)

Datos del poyecto

Proyecto	:	"ESTABILIZACIÓN DE LA SUBRASANTE DEL SUELO NATURAL CON ADICIÓN DE CAUCHO GRANULAR DE NEUMÁTICOS EN EL JR. TUPAC AMARU, DISTRITO TAMBOPATA, MADRE DE DIOS, 2022"		
Lugar	:	Jr. TUPAC AMARU, DISTRITO TAMBOPATA, MADRE DE DIOS	***Dist/Prov.***	TAMBOPATA – TAMBOPATA
Solicitante	:	EDWARD JIMMY PANDIA YAÑEZ	***Hecho por***	ING. VICTOR HUGO CARAZAS MAYANGA

Datos de la Muestra

			Fecha : 20/06/2022		***Datos del Equipo Calibrado***
Calicata	:	P-1			***Equipo*** : PISÓN MANUAL DE PROCTOR MOD.
Profundidad	:	1.50 m.			***Certificado de Calibración N°*** :
condicion	:	Alterada			MT-IV-141-2020 del 02/28/2020

Datos y resultados de ensayo

Compactacion Codigo de molde : P1		***Metodo : A molde de 4"***		
Prueba N°	1	2	3	4
Numero de capas	5	5	5	5
Numero de golpes	56	56	56	56
Peso suelo + molde (g)	10071	10406	10697	10566
Peso del molde (g)	5997	5997	5997	5997
Peso del suelo humedo compactado (g)	4074	4409	4700	4569
Volumen del molde (cm^3)	2120.0	2120.0	2120.0	2120.0
Densidad húmeda (g/cm^3)	1.920	2.080	2.220	2.150
Humedad				
N° de tara	**270**	**380**	**90**	**220**
Tara + Suelo Humedo (g)	179.40	163.60	142.40	121.20
Tara + Suelo Seco (g)	171.50	153.00	130.40	109.50
Peso de la tara	18.90	18.90	26.00	26.00
Peso del agua	7.90	10.60	12.00	11.70
Peso de suelo seco (g)	152.60	134.10	104.40	83.50
Humedad (%)	4.53	8.03	11.75	14.25
Densidad Seca (g/cm^3)	1.838	1.925	1.984	1.886

Maxima Densidad Seca (g/cm^3) : 1.985 ***Optimo Contenido de Humedad (%):*** 11.305

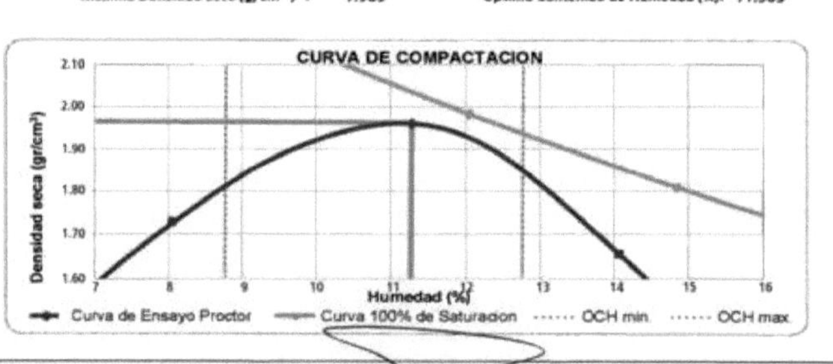

GEOTECNIA E INGENIEROS E.I.R.L.

VICTOR HUGO CARAZAS MAYANGA
INGENIERO CIVIL
CIP 164352
AREA DE GEOTECNIA

GEOIN GEOTECNIA E INGENIEROS EIRL.

VALOR RELATIVO DE SOPORTE CBR (ASTM D1883-16, NTP 339.145)

Datos del poyecto

Proyecto : "ESTABILIZACIÓN DE LA SUBRASANTE DEL SUELO NATURAL CON ADICIÓN DE CAUCHO GRANULAR DE NEUMÁTICOS EN EL JR. TUPAC AMARU, DISTRITO TAMBOPATA, MADRE DE DIOS, 2022"

Lugar : Jr. TUPAC AMARU,, DISTRITO DE TAMBOPATA, MADRE DE DIOS

Dist/Prov. : TAMBOPATA – TAMBOPATA

Solicitante : EDWARD JIMMY PANDIA YAÑEZ

Hecho por : ING. VICTOR HUGO CARAZAS MAYANGA

Fecha : 20/06/2022

Datos de la Muestra

Calicata : P-1

Profundidad : 1.50 m.

condicion : Alterada

Datos del Equipo Calibrado

Equipo :

PRENSA CBR

Certificado de Calibración N° :

MT-LF-054-2020 del 02/26/2020

Datos y resultados de ensayo

C.B.R.			
	N° DE CAPAS : 5		
N° DE MOLDE	A	B	C
N° DE GOLPES	57	26	14
Volumen de Molde (cm³)	1985	1925	1919
Peso del Molde + Suelo Humedo (g)	11450	11001	10988
Peso del Molde (g)	7854	7945	7784
Peso del Suelo Humedo (g)	4364	4137	3912
N° Tarro	-	-	-
Peso Tarro + Suelo Humedo (g)	322.5	284.5	290.2
Pesp Tarro + Suelo Seco (g)	280.4	269.3	279.2
Peso del Agua (g)	22.1	19.2	20.0
Peso de Tarro (g)	84.2	51.72	52.20
Peso del Suelo Seco (g)	239.2	215.3	224.2
Contenido de Humedad (g)	11.70	10.32	9.20
Densidad Humeda (g/cm³)	2.056	1.915	1.846
Densidad Seca (g/cm³)	1.789	1.636	1.586

PENETRACIÓN							
CAPACIDAD DE LA CELDA							
MOLDE		A		B		C	
PENETR. (pulg)	PENETR. (mm)	LECTURA DIAL	CARGA (kg)	LECTURA DIAL	CARGA (kg)	LECTURA DIAL	CARGA (kg)
0.000	0.000	0.0	0	0	0	0	0
0.025	0.63	86	86	50	50	38	38
0.05	1.27	100	100	69	69	45	45
0.075	1.9	157	157	130	130	90	90
0.1	2.54	180	180	145	145	120	120
0.125	3.81	298	298	185	185	150	150
0.2	5.08	280	280	190	190	198	198
0.3	7.62	390	390	290	290	286	286
0.4	10.16						
0.550	12.500						

ABSORCIÓN			
N° MOLDE	A	B	C
Peso del Suelo Humedo + Plato + Molde (g)	12820	12426	12025
Peso del Plato + Molde (g)	8426	8285	8070
Peso del Suelo Humedo Embebido (g)	4336	4141	3995
Peso del Suelo Humedo Sin Embeber (g)	4322	4136	3919
Peso del Agua Absorbida (g)	35	41	69
Peso del Suelo Seco (g)	3997	3784	3530
Absorcion de Agua (%)	0.9	1.3	1.9

EXPANSIÓN (%)					
FECHA	HORA	LECTURA DIAL	LECTURA DIAL	LECTURA DIAL	N° LECTURA
		0.000"	0.000"	0.000"	1
		0.001"	0.002"	0.002"	2
		0.003"	0.002"	0.008"	3
		0.004"	0.008"	0.010"	4
		0.006"	0.010"	0.013"	5
% EXPANSIÓN		0.13	0.19	0.25	

GEOTECNIA E INGENIEROS E.I.R.L.

VICTOR HUGO CARAZAS MAYANGA
INGENIERO CIVIL
CIP: [illegible]
AREA DE GEOTECNIA

GEOIN GEOTECNIA E INGENIEROS EIRL.

VALOR RELATIVO DE SOPORTE CBR (ASTM D1883-16, NTP 339.145)

Datos del poyecto

Proyecto	:	"ESTABILIZACIÓN DE LA SUBRASANTE DEL SUELO NATURAL CON ADICIÓN DE CAUCHO GRANULAR DE NEUMÁTICOS EN EL JR. TUPAC AMARU, DISTRITO TAMBOPATA, MADRE DE DIOS, 2022"
Lugar	:	Jr. TUPAC AMARU,, DISTRITO DE TAMBOPATA, MADRE DE DIOS
Dist/Prov.	:	TAMBOPATA – TAMBOPATA
Solicitante	:	EDWARD JIMMY PANDIA YAÑEZ
Hecho por	:	ING. VICTOR HUGO CARAZAS MAYANGA
Fecha	:	20/06/2022

Datos de la Muestra

Calicata : P-1
Profundidad : 1.50 m.
condicion : Alterada

Datos del Equipo Calibrado

Equipo :
PRENSA CBR
Certificado de Calibración N° :
MT-LF-054-2020 del 02/26/2020

Datos y resultados de ensayo

C.B.R.			
	Nº DE CAPAS : 5		
Nº DE MOLDE	A	B	C
Nº DE GOLPES	56	29	15
Volumen de Molde (cm^3)	2150	2150	2150
Peso del Molde + Suelo Humedo (g)	12590	12401	11686
Peso del Molde (g)	6589	5485	6070
Peso del Suelo Humedo (g)	4364	4137	3912
Nº Tarro	-	-	-
Peso Tarro + Suelo Humedo (g)	302.5	289.5	302.2
Pesp Tarro + Suelo Seco (g)	280.4	269.3	279.2
Peso del Agua (g)	22.1	19.2	23.0
Peso de Tarro (g)	40.2	54.22	55.20
Peso del Suelo Seco (g)	239.2	215.3	224.2
Contenido de Humedad (g)	9.20	9.92	10.29
Densidad Humeda (g/cm^3)	2.056	1.915	1.846
Densidad Seca (g/cm^3)	1.789	1.636	1.786

PENETRACIÓN							
CAPACIDAD DE LA CELDA							
MOLDE		A		B		C	
PENETR. (pulg)	PENETR. (mm)	LECTURA DIAL	CARGA (kg)	LECTURA DIAL	CARGA (kg)	LECTURA DIAL	CARGA (kg)
0.000	0.000	0.0	0	0	0	0	0
0.025	0.63	88	88	60	60	42	42
0.05	1.27	100	100	75	75	45	45
0.075	1.9	157	157	130	130	100	100
0.1	2.54	180	180	145	145	120	120
0.125	3.81	298	298	185	185	145	145
0.2	5.08	360	360	260	260	198	198
0.3	7.62	525	525	390	390	250	250
0.4	10.16						
0.500	12.500						

ABSORCIÓN			
Nº MOLDE	A	B	C
Peso del Suelo Humedo + Plato + Molde (g)	11540	12426	13458
Peso del Plato + Molde (g)	8426	8285	8070
Peso del Suelo Humedo Embebido (g)	4336	4141	4995
Peso del Suelo Humedo Sin Embeber (g)	4322	4136	3919
Peso del Agua Absorbida (g)	36	39	69
Peso del Suelo Seco (g)	2997	3184	3530
Absorcion de Agua (%)	0.8	1.1	2.2

EXPANSIÓN (%)					
FECHA	HORA	LECTURA DIAL	LECTURA DIAL	LECTURA DIAL	Nº LECTURA
		0.000"	0.000"	0.000"	1
		0.001"	0.002"	0.002"	2
		0.003"	0.006"	0.014"	3
		0.003"	0.008"	0.012"	4
		0.008"	0.010"	0.015"	5
% EXPANSIÓN		0.13	0.27	0.38	

GEOIN GEOTECNIA E INGENIEROS EIRL.

LABORATORIO DE MECÁNICA DE SUELOS · CONCRETO Y MATERIALES · ESTUDIOS GEOTÉCNICOS (SUELOS Y ROCAS) · CONTROL DE CALIDAD DE OBRAS CIVILES · CONSULTORÍA ESPECIALIZADA · PERFORACIÓN Y BOMBAJE PARA ACUÍFEROS Y CIMENTACIONES PROFUNDAS · HINCADO DE PILOTES · PROSPECCIÓN GEOFÍSICA

PUERTO MALDONADO JR. CUSCO 134 - TAMBOPATA · CUSCO URB. MEZA REDONDA A-5 - CUSCO

VALOR RELATIVO DE SOPORTE CBR (ASTM D1883-16, NTP 339.145)

Datos del poyecto

Proyecto	: "ESTABILIZACIÓN DE LA SUBRASANTE DEL SUELO NATURAL CON ADICIÓN DE CAUCHO GRANULAR DE NEUMÁTICOS EN EL JR. TUPAC AMARU, DISTRITO TAMBOPATA, MADRE DE DIOS, 2022"
Lugar	: Jr. TUPAC AMARU,, DISTRITO DE TAMBOPATA, MADRE DE DIOS
Dist/Prov.	: TAMBOPATA – TAMBOPATA
Solicitante	: EDWARD JIMMY PANDIA YAÑEZ
Hecho por	: ING. VICTOR HUGO CARAZAS MAYANGA
Fecha	: 20/06/2022

Datos de la Muestra

Calicata	: P-1
Profundidad	: 1.50 m.
condicion	: Alterada

Datos del Equipo Calibrado

Equipo :
PRENSA CBR
Certificado de Calibración N° :
MT-LF-054-2020 del 02/26/2020

Datos y resultados de ensayo

C.B.R.			
	N° DE CAPAS : 5		
N° DE MOLDE	**A**	**B**	**C**
N° DE GOLPES	56	25	12
Volumen de Molde (cm³)	2050	2050	2050
Peso del Molde + Suelo Humedo (g)	12790	12401	11986
Peso del Molde (g)	8426	8285	8070
Peso del Suelo Humedo (g)	4364	4137	3912
N° Tarro			
Peso Tarro + Suelo Humedo (g)	302.5	289.5	300.2
Pesp Tarro + Suelo Seco (g)	280.4	269.3	279.2
Peso del Agua (g)	22.1	19.2	20.0
Peso de Tarro (g)	80.2	54.72	55.20
Peso del Suelo Seco (g)	239.2	215.3	224.2
Contenido de Humedad (g)	9.70	9.32	9.20
Densidad Humeda (g/cm³)	2.056	1.915	1.846
Densidad Seca (g/cm³)	1.889	1.736	1.686

PENETRACIÓN							
CAPACIDAD DE LA CELDA							
MOLDE		A		B		C	
PENETR. (pulg)	PENETR. (mm)	LECTURA DIAL	CARGA (kg)	LECTURA DIAL	CARGA (kg)	LECTURA DIAL	CARGA (kg)
0.000	0.000	0.0	0	0	0	0	0
0.025	0.63	86	86	50	50	38	38
0.05	1.27	100	100	75	75	45	45
0.075	1.9	157	157	130	130	100	100
0.1	2.54	180	180	145	145	120	120
0.125	3.81	298	298	185	185	111	111
0.2	5.08	360	360	260	260	198	198
0.3	7.62	500	500	355	355	286	286
0.4	10.16						
0.500	12.700						

ABSORCIÓN			
N° MOLDE	**A**	**B**	**C**
Peso del Suelo Humedo + Plato + Molde (g)	12820	12426	12035
Peso del Plato + Molde (g)	8426	8285	8070
Peso del Suelo Humedo Embebido (g)	4336	4141	3995
Peso del Suelo Humedo Sin Embeber (g)	4322	4136	3919
Peso del Agua Absorbida (g)	35	44	79
Peso del Suelo Seco (g)	3997	3784	3530
Absorcion de Agua (%)	0.8	1.1	2.2

EXPANSIÓN (%)					
FECHA	HORA	LECTURA DIAL	LECTUR A DIAL	LECTURA DIAL	N° LECTUR A
		0.000"	0.000"	0.000"	1
		0.001"	0.002"	0.002"	2
		0.003"	0.006"	0.008"	3
		0.004"	0.008"	0.012"	4
		0.008"	0.010"	0.015"	5
% EXPANSIÓN		**0.16**	**0.20**	**0.30**	

GEOIN GEOTECNIA E INGENIEROS EIRL.

VALOR RELATIVO DE SOPORTE CBR (STM D1883-16, NTP 339.145)

Datos del poyecto

Proyecto	:	"ESTABILIZACIÓN DE LA SUBRASANTE DEL SUELO NATURAL CON ADICIÓN DE CAUCHO GRANULAR DE NEUMÁTICOS EN EL JR. TUPAC AMARU, DISTRITO TAMBOPATA, MADRE DE DIOS, 2022"
Lugar	:	Jr. TUPAC AMARU, DISTRITO DE TAMBOPATA, MADRE DE DIOS
Dist/Prov.	:	TAMBOPATA - TAMBOPATA
Solicitante	:	EDWARD JIMMY PANDIA YAÑEZ
Hecho por	:	ING. VICTOR HUGO CARAZAS MAYANGA
Fecha	:	20/06/2022

Datos de la Muestra

Calicata	:	P-1
Profundidad.	:	1.50 m.
condicion	:	Alterada

Datos del Equipo Calibrado

Equipo : PRENSA CBR

Certificado de Calibración N° : MT-LF-054-2020 del 02/26/2020

Datos y resultados de ensayo

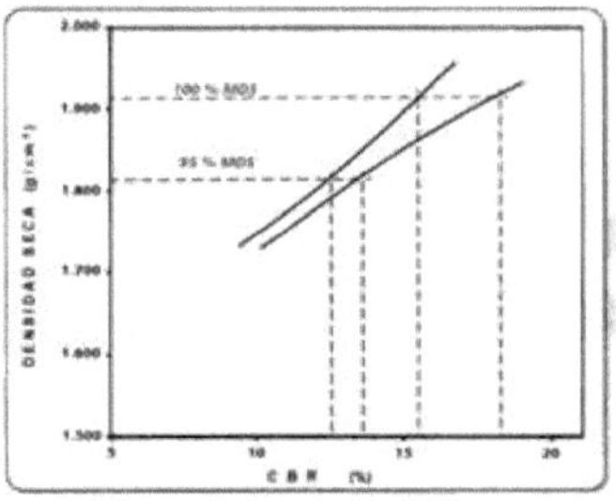

DATO DEL ENSAYO DE PROCTOR MODIFICADO

Optimo Contenido de Humedad (%)	:	10.255
Maxima Densidad Seca g/cm³	:	1.929

CALIFORNIA BEARING RATIO

CBR A 2.5 mm (0.1") de Penetración	
CBR Al 100% de la Maxima Densidad Seca	10.1
CBR Al 95% de la Maxima Densidad Seca	18.9
CBR A 5 mm (0.2") de Penetración	
CBR Al 100% de la Maxima Densidad Seca	14.1
CBR Al 95% de la Maxima Densidad Seca	11.2

E.C.= 57 golpes (27.7 kg-cm/cm³)

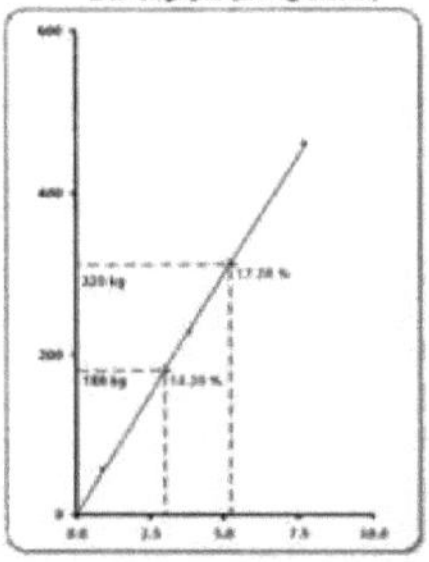

E.C.= 27 golpes (12,2 kg-cm/cm³)

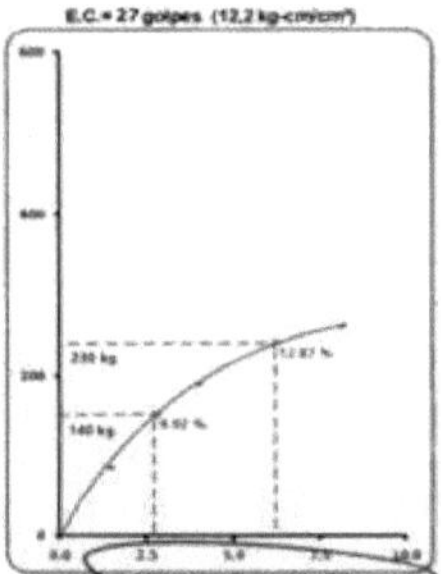

E.C.= 14 golpes (6,1 kg-cm/cm³)

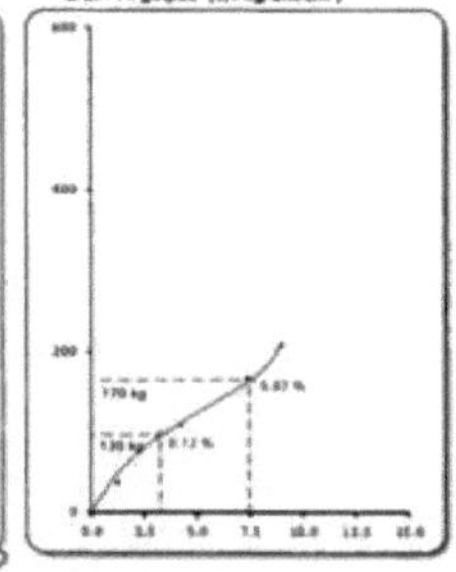

PENETRACION (mm)

— Penetracion — Correccion de curva --- CBRy0.1" --- CBRy0.2"

GEOTECNIA E INGENIEROS E.I.R.L.

VICTOR HUGO CARAZAS MAYANGA
INGENIERO CIVIL
CIP: 108151
AREA DE GEOTECNIA

GEOIN GEOTECNIA E INGENIEROS EIRL.

VALOR RELATIVO DE SOPORTE CBR (STM D1883-16, NTP 339.145)

Datos del poyecto

Proyecto	:	"ESTABILIZACIÓN DE LA SUBRASANTE DEL SUELO NATURAL CON ADICIÓN DE CAUCHO GRANULAR DE NEUMÁTICOS EN EL JR. TUPAC AMARU, DISTRITO TAMBOPATA, MADRE DE DIOS, 2022"
Lugar	:	Jr. TUPAC AMARU, DISTRITO DE TAMBOPATA, MADRE DE DIOS
Dist/Prov.	:	TAMBOPATA - TAMBOPATA
Solicitante	:	EDWARD JIMMY PANDIA YAÑEZ
Hecho por	:	ING. VICTOR HUGO CARAZAS MAYANGA
Fecha	:	20/06/2022

Datos de la Muestra

Calicata	:	P-1
Profundida.	:	1.50 m.
condicion	:	Alterada

Datos del Equipo Calibrado

Equipo :
PRENSA CBR
Certificado de Calibración N° :
MT-LF-054-2020 del 02/26/2020

Datos y resultados de ensayo

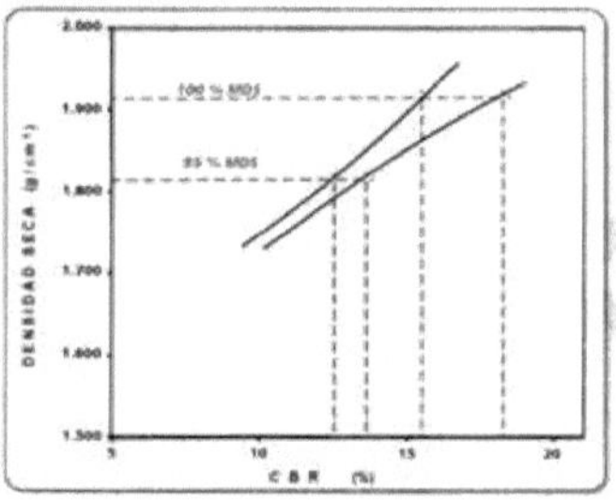

DATO DEL ENSAYO DE PROCTOR MODIFICADO

Optimo Contenido de Humedad (%)	:	10.255
Maxima Densidad Seca g/cm³	:	1.929

CALIFORNIA BEARING RATIO

CBR A 2.5 mm (0.1") de Penetración	
CBR Al 100% de la Maxima Densidad Seca	10.1
CBR Al 95% de la Maxima Densidad Seca	18.9
CBR A 5 mm (0.2") de Penetración	
CBR Al 100% de la Maxima Densidad Seca	14.1
CBR Al 95% de la Maxima Densidad Seca	11.2

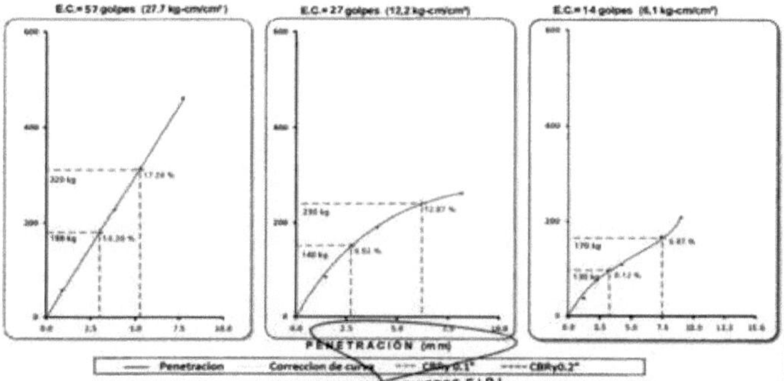

E.C.= 57 golpes (27.7 kg-cm/cm²)

E.C.= 27 golpes (12,2 kg-cm/cm²)

E.C.= 14 golpes (6,1 kg-cm/cm²)

PENETRACION (mm)

Penetracion — Correccion de curva — CBRy0.1" — CBRy0.2"

GEOTECNIA E INGENIEROS E.I.R.L.

VICTOR HUGO CARAZAS MAYANGA
INGENIERO CIVIL
CIP: 108151
AREA DE GEOTECNIA

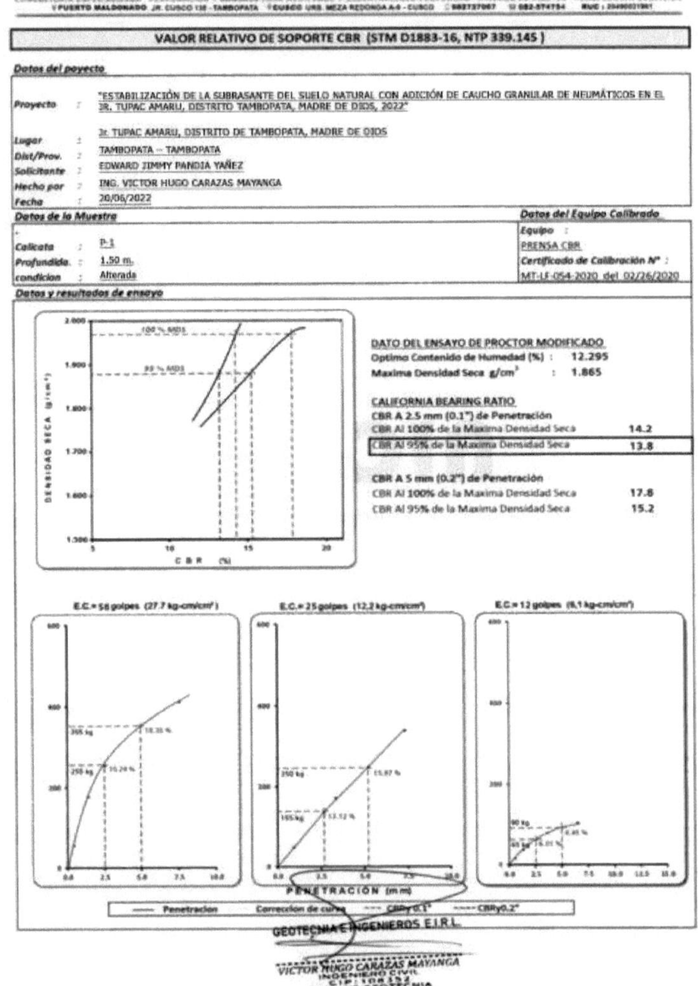

GEOIN GEOTECNIA E INGENIEROS EIRL.

VALOR RELATIVO DE SOPORTE CBR (STM D1883-16, NTP 339.145)

Datos del poyecto

Proyecto	:	"ESTABILIZACIÓN DE LA SUBRASANTE DEL SUELO NATURAL CON ADICIÓN DE CAUCHO GRANULAR DE NEUMÁTICOS EN EL JR. TUPAC AMARU, DISTRITO TAMBOPATA, MADRE DE DIOS, 2022"
Lugar	:	Jr. TUPAC AMARU, DISTRITO DE TAMBOPATA, MADRE DE DIOS
Dist/Prov.	:	TAMBOPATA – TAMBOPATA
Solicitante	:	EDWARD JIMMY PANDIA YAÑEZ
Hecho por	:	ING. VICTOR HUGO CARAZAS MAYANGA
Fecha	:	20/06/2022

Datos de la Muestra

Calicata	:	P-1
Profundida.	:	1.50 m.
condicion	:	Alterada

Datos del Equipo Calibrado

Equipo : PRENSA CBR

Certificado de Calibración N° : MT-LF-054-2020 del 02/26/2020

Datos y resultados de ensayo

DATO DEL ENSAYO DE PROCTOR MODIFICADO

Optimo Contenido de Humedad (%)	:	12.295
Maxima Densidad Seca g/cm³	:	1.865

CALIFORNIA BEARING RATIO

CBR A 2.5 mm (0.1") de Penetración	
CBR Al 100% de la Maxima Densidad Seca	14.2
CBR Al 95% de la Maxima Densidad Seca	13.8
CBR A 5 mm (0.2") de Penetración	
CBR Al 100% de la Maxima Densidad Seca	17.8
CBR Al 95% de la Maxima Densidad Seca	15.2

GEOTECNIA E INGENIEROS E.I.R.L.

VICTOR HUGO CARAZAS MAYANGA
INGENIERO CIVIL
AREA DE GEOTECNIA

Anexo N° 3: Painel fotográfico

Material extraído da vala de ensaio n.º 1

Peneiras para uso laboratorial - peneiramento de partículas

Forno de laboratório

Equipamento de ensaio de compactação

Equipamento de densidade de campo

Anexo nº 4:

CERTIFICADO DE VALIDAÇÃO DO INSTRUMENTO

JUAN FELIPE, RODRÍGUEZ PASCO, com DNI Nº 00371465 atualmente a trabalhar como PROFESSOR A TEMPO INTEGRAL na UNIVERSIDAD ALAS PERUANAS FILIAL MADRE DE DIOS.

Certifico que revi os instrumentos do bacharelato para efeitos de validação.

Nome do instrumento:

TEOR DE HUMIDADE
LIMITES DE CONSISTÊNCIA
PROCTOR MODIFICADO
VALOR DE SUPORTE RELATIVO CBR

Depois de fazer as observações pertinentes, posso fazer as seguintes observações.

AVALIAÇÃO DAS FICHAS DE DADOS	**DEFICIENTE**	**ACEITÁVEL**	**BOM**	**MUITO BOM**	**EXCELENTE**
1. clareza: é formulado numa linguagem adequada.			X		
Objetividade: traduz-se em comportamentos observáveis.			X		
3.Atualidade: Adequado à abordagem teórica abordada na investigação.			X		
Organização: Existe uma organização lógica entre os seus artigos			X		
5. Adequação: compreende os aspectos			X		

necessários de quantidade e qualidade.					
6.Intencionalidade: Adequada para avaliar as dimensões do tema de investigação.			X		
7) Coerência: Baseada nos aspectos teórico-científicos da investigação.			X		
Coerência: Existe uma relação entre variáveis e indicadores.			X		
9.Metodologia: A estratégia responde à elaboração da investigação.			X		

Em fé do que, apus o meu punho na cidade de Madre de Dios, aos 30 dias do mês de dezembro do ano 2022.

Grau Grau : Magister
DNI : 00371465
Especialidade : Engenharia
Correio eletrónico : feropa57@hotmail.com

Mg. Ing. JUAN FELIPE RODRIGUEZ PASCO
DOCENTE
Código : 057142

Printed by Books on Demand GmbH, Norderstedt / Germany